come together

skills

COOKING SCHOOL

ดอกกุหลา
ให้ควา

THAILAND HOMEMADE CUISINE

一學就會，泰國媽媽味

阿泰｜著

目次

一學就會泰國媽媽味

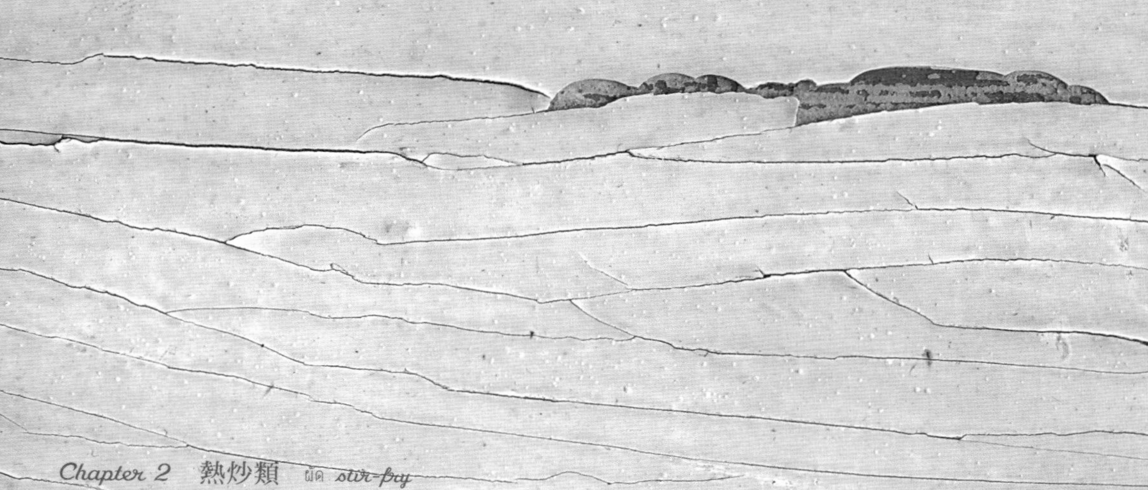

Chapter 2 熱炒類 ผัด *stir-fry*

Chapter 3 蒸、烤、炸類 นึ่งและอบ, ย่าง, ทอด *steam, bake and deep-fry*

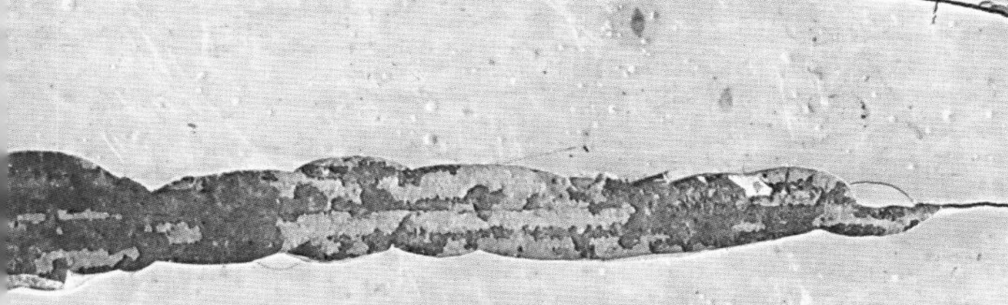

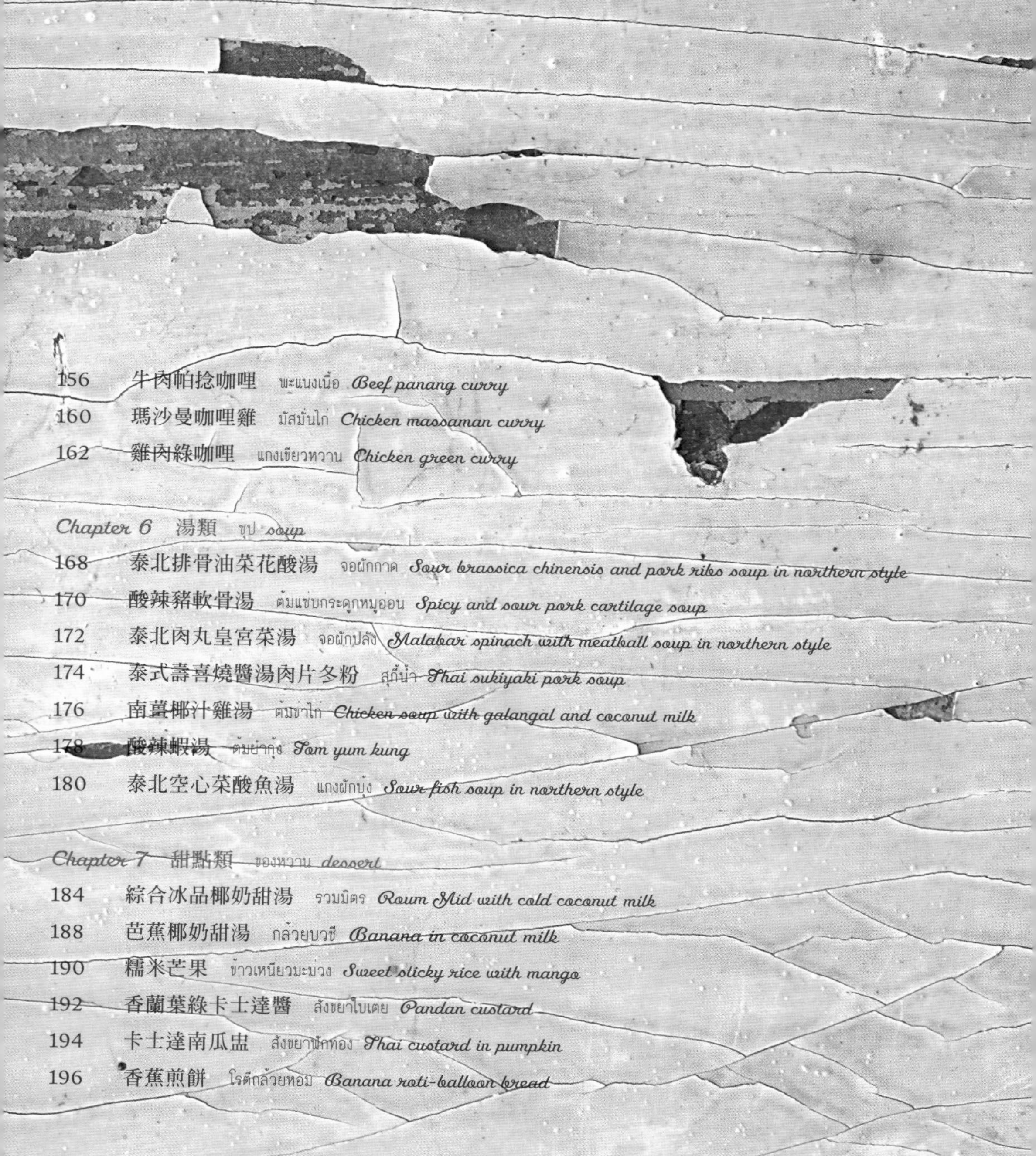

作者序

媽媽留給我的真正泰國味

謝謝籌備此書的過程中，每位曾經幫助過我的工作夥伴或朋友們，多虧有了大家，我才能順利完成這本書。

童年的市場回憶

回想小時候，印象最深刻的就是媽媽會在後院的空地上，用很大的鐵鍋拌炒辣椒乾。那個味道刺鼻，往往把人嗆到眼淚、鼻涕直流。幾次之後學乖了，每到這個時候，我就會躲到上風處，以免又被嗆到。

因爲要做成辣肉湯和辣肉醬在市場裡賣，所以媽媽每隔一陣子就要炒乾辣椒，這些傳承自奶奶的泰北傳統菜色，像是家族配方似的被流傳下來。我記得媽媽一直做著與食物相關的工作，她的全盛時期，在市場和假日市集有固定攤位，也會參加遊樂園的攤位，餐點內容不僅止於辣醬或熟食，其它如甜點、飲料都有提供。

FLAVOURED
PAN MASALA
THE WORLD'S
LARGEST
SELLING
PREMIUM PAN MASALA

泰國傳統市場的特色之一，是賣料理或點心的熟食攤販，跟賣生鮮的一樣多。在市場裡，你可以買到做菜的材料，也可購足一天所需的熟食。現在想起來，我的童年時光大多是與母親在不同的傳統市場流連，也吃遍了市場裡的各種菜肴。

以前住在泰北的時候，傍晚時分打招呼的問候語，大都是「吃飯配什麼啊？」，通常大家的回答多是今晚要做什麼菜，然後就引起「那一定很好吃」或「我好久沒煮這道菜了，下次也來做做看」，或是「這個菜現在已經買得到了喔？」這類的話題。這是我家附近鄰居在街邊最常討論的事，可見菜肴的搭配和口味上的選擇在泰國人心中的重要性。

到了台灣也要吃家鄉菜

決定移居台灣生活之後，考慮到飲食習慣的差距，我們彼此最擔心的不是生活起居，而是在這裡的日常飲食要怎麼辦？所以第一次來台灣的時候，帶了很多瓶瓶罐罐和辣醬，搞得入關時被檢查很久，整個行李箱被弄得亂七八糟，也因此打翻了一罐魚露。一瞬間，行李、包包等等，都是滿滿的魚露腥味，搞得非常狼狽，海關也只好快快讓我們通關。日後，媽媽遇到朋友總是會拿這件事當作玩笑話討論一番，也是我和姊姊當年印象深刻的記憶。

來到台灣後，媽媽工作變忙時，能夠相處的快樂時光就是一起去買菜，或討論今天要煮什麼菜。不過，那時候在台灣很難找到泰國的醬料或食材，媽媽因此需要花很多時間去想怎麼用台灣的材料，變化出泰式的風味。在家煮飯時，我有一個非常重要的任務，就是確認料理最後的調味，媽媽煮好飯菜之後會叫我去試試看味道，因爲泰國菜最重要的，是吃的人要喜歡這個口味，酸、辣、甜、鹹由自己和最愛的人來決定。

媽媽做菜總能招來各地朋友一起聚餐，有陣子幾乎每週都有人來家裡吃飯，

都是專程來吃她做的菜。那時才眞正了解，原來我媽做的菜眞的很好吃，時常聽到大家讚美她的料理。但隨著她工作的不時忙碌，無法持續在週間準備家裡的伙食，那時候想吃自家菜肴就得自己動手做了，經由媽媽的指導像不像三分樣，也讓她結束工作之後，回到家可以一起享用我們的家常菜。

幾年之後，媽媽過世了，我繼續留在台灣。每當我想念媽媽和她的菜時，就會進廚房煮飯，用料理詮釋出媽媽的味道，一邊想起她每次要我幫忙確認調味，也多虧當時幫忙媽媽確認調味，我才能找出當時記憶的味道。開始頻繁的做菜之後，姊姊就變成我的好顧問了。常常一個人吃不完，就找朋友一起搭伙，慢慢的越做越有心得和成就感，也滿足了思念媽媽的心情。

沒有辣椒，怎會是泰國菜

泰國是個吃辣的民族，辣是必備的調味之一，如果你在泰國點不辣的菜，店家還是會放兩根辣椒進去，至少要有辣椒的香氣或微微的辣度。這本書中的辣度大概都是小辣或中辣程度，如果你怕太辣的話，可以用少量的辣椒調味減低辣度，但辣椒是不可或缺的元素，就像一道料理少了鹹味就不對了。此外，在泰國的辣醬是主食而不只是沾醬，通常是選了辣醬之後，才去思考組合的配菜和肉類，而辣醬就是那餐的主食了。在泰國以外的國家，認識辣醬的人還不多，但如果你去泰國的餐廳點了一份辣醬，旁邊一定會附上滿桌的配菜，甚至店員還會推薦你要點什麼菜色來搭配這個醬。

泰式口味，各方不同

泰國有四大菜系，泰北、東北、中、南，在台灣常常搞混泰北和東北，有時候我去泰餐廳吃飯，看菜單上寫的是東北菜，但其實是來自泰北的料理。可能都沒有人討論這個問題，所以很多地方就直接把東北翻譯成泰北。但是這兩個地方的口味不太一樣，東北比較重酸辣，泰北則重鹹辣。在這本書裡兩個菜系都有，試著做出來比較看看，你會發現口味其實差蠻多的。而另外一

個風行台灣的泰國菜就是咖哩了，在泰文中，咖哩的原意是指濃稠或濃郁的湯，只有黃咖哩，泰文才會叫作咖哩，其他如紅咖哩或綠咖哩，基本上都沒有加咖哩粉，只有少數的菜會放咖哩粉調味。

我朋友都覺得，有些在台灣的泰國餐廳，與泰國當地的口味不太一樣，特別是紅咖哩或綠咖哩，在泰國一定會放小圓茄或小綠茄，所以咖哩會帶著茄子的氣味，不過台灣的餐廳改用形狀相似的食材取代，小綠茄變成了青豆仁。以前跟我媽買菜的時候，至少要加長茄在紅咖哩或綠咖哩裡面，增加茄子的味道才對味，而不是改用形狀類似的豆子。

我的泰國媽媽味

這本書裡的食譜，像是去泰國人家裡做客的時候，對方會端出來的家常菜色。我希望用台灣常見的新鮮食材，做出道地的泰式家庭口味。建議大家拿到此書後，先看一下前面特別準備的食材表，知道各種材料的基本味道後，再調整成自己喜歡的口味，因爲泰國菜非常注重個人的喜好。另外，也請注意食譜裡調味的方法，調味會決定這道菜的風味是不是道地的泰國菜。開始煮之前先看一下材料裡面的調味料，甜、鹹、酸、辣中哪個味道爲主，哪個爲輔。醬料也很重要，如果食譜內寫泰式淡醬油，千萬不要用一般中式醬油取代，因爲這兩個材料味道本來就差很多。建議你盡量找到食譜內的醬料，這樣子煮出來十之八九不會離泰國口味太遠，

最後，曾經有朋友問我說：「你十歲就離開泰國了，哪來的時間吃過這麼多菜？」是啊，過去我也很納悶，在腦海裡的料理回憶是從哪裡來的。回想起來才發現，小時候在市場裡的生活經驗，以及每次協助媽媽確認調味，這些都是她留給我的味覺記憶。感謝媽媽留給我的生活經驗與飲食記憶，我才能以此回憶家鄉與媽媽的味道，也才能與台灣的朋友分享屬於我的眞正的泰國料理。

SAUCE

有了這些，
才能煮出道地泰國味！

搗缽

泰國料理經常混合使用大量香料和醬料，搗缽是泰國家庭廚房裡常備的器具，要做好泰式料理，非得需要它不可。

陶缽 ครก *clay mortar*

可把食材搗壓入味，也可搗碎新鮮香料，但無法輕易把乾燥香料搗碎，木杵適合用來搗蔬果、做涼拌菜或沙拉用，大都用來拌搗新鮮的食材。

石缽 ครกหิน *stone mortar*

搗醬料、辣醬用。石杵本身重量夠，石缽能承重，可用力搗或磨，輕易地搗碎香料辣醬，使質地細膩，製作時事半功倍。不適合搗蔬菜，因為力道太大，易把蔬菜壓爛。

新鮮食材

現在台灣也很容易買到一些東南亞的食材，許多是跟台灣一樣的，但是有些很不同，試試一些不常見到或是陌生的食材，會發現一些新鮮的口味喔！

楊桃豆 ถั่วพู *winged bean*

豆味很淡，不過口感輕脆，常作爲辣醬配菜和涼拌沙拉使用。

皂莢葉 ใบส้มป่อย *soap-pod leaf*

作爲蔬菜湯的酸味來源，味道偏酸且帶有輕微的苦澀，常見於泰國北方的傳統菇類湯品和酸咖哩。

嫩黃酸棗葉

ยอดมะกอก

spondias mombin leaf

青的果實入菜時取其酸味，熟時可作爲辣醬。它的嫩葉，是泰國北部與東北地區常見的咖哩和辣椒醬的配菜。帶有微微的酸味，清爽解膩。

豇豆 ถั่วฝักยาว *long bean*

又稱菜豆，台灣春夏的季節蔬菜，生吃時豆生味較重，煮熟後卻是甜味，傳統泰式沙拉時常選用菜生味比較重、口感清脆的新鮮蔬菜來當配菜，例如豇豆，是泰國料理許多主食的第一配菜，餐桌上最常見到它。

香蕉花 ปลี *banana flower*

味道苦澀（有些人喜歡），是泰式炒河粉的傳統配菜，也是泰國的食療蔬菜。

泰國小圓茄

มะเขือเปราะ *Thai green brinjal*

咖哩和辣醬菜式常用到的蔬菜，帶著爽脆的口感。生吃時微微的澀味帶點甜味，適合當作口味較濃厚的辣醬配菜，煮熟時散發著茄子特有的香氣。記得切開後要泡水以免變黑，咖哩有了它才對味。

芭蕉 กล้วยน้ำว้า *plantain*

青（生）的芭蕉切片可油炸成芭蕉脆片，熟時味道酸酸甜甜，適合醃釀、燉煮，常作爲傳統點心的內餡食材，也是傳統泰國家庭的嬰兒副食品。

老椰子

มะพร้าวแก่ *old coconut*

果肉厚且硬，磨成碎屑後加水壓榨、過濾製成椰奶，第一次初榨的椰奶最爲濃稠，拿來炒咖哩辣醬或作爲甜點的淋醬，第二次以後的就越淡，適合做甜湯。中年椰子的果肉可作爲點心內餡。

青芒果 มะม่วงดิบ *green mango*

在泰國，許多人喜歡吃青芒果勝過吃成熟的，許多品種就是要選在青的時候吃，口感清脆。圖爲青金煌芒果。

新鮮香料

運用各式香料提味或入菜，是泰國料理的特色，一定要認識它們！

香菜根

รากผักชี *cilantro root*

香菜的根、莖、葉各有不同的香味，是泰國相當常見的香料，使食物更清新，去腥提鮮。在台灣卻常被切掉或只留一點點。

刺芫荽

ผักชีฝรั่ง *culantro*

酸辣湯和涼拌菜常見的香草。比一般香菜氣味更濃，葉片邊緣有長刺、厚且硬挺，耐煮，入菜時可增加口感。用香菜（芫荽）替代時，葉和莖要一起入菜。

檸檬

มะนาว *kaffir*

泰國的小檸檬是萊姆品種，皮薄、酸、不帶甜，與台灣的無籽檸檬相似。

紅蔥頭

หอมแดง *shallot*

在泰國視爲天然味素，炒和煮時可增加食物的鮮甜，切片生吃則可殺菌，增添辛香、爽口的風味。長出的蔥綠「珠蔥」爲泰國常用的蔥品種。

大蒜

กระเทียม *garlic*

小粒帶紫皮的辛辣，香味也更濃嗆，較接近道地泰式風味。

檸檬葉

ใบมะกรูด *kaffir leaf*

馬蜂橙的葉子，是咖哩和酸辣湯提香用的香草。有濃郁的萊姆和檸檬精油香，非常開胃。

薄荷葉

ใบสารแหน่ *mint*

東北涼拌菜常用的香草，清涼、提神、促進新陳代謝，增添食物清新的風味。

九層塔

ใบโหระพา *sweet basil*

涼拌菜肴的傳統配菜，生吃時味道辛香帶點甜味，也是咖哩主要的香氣來源。

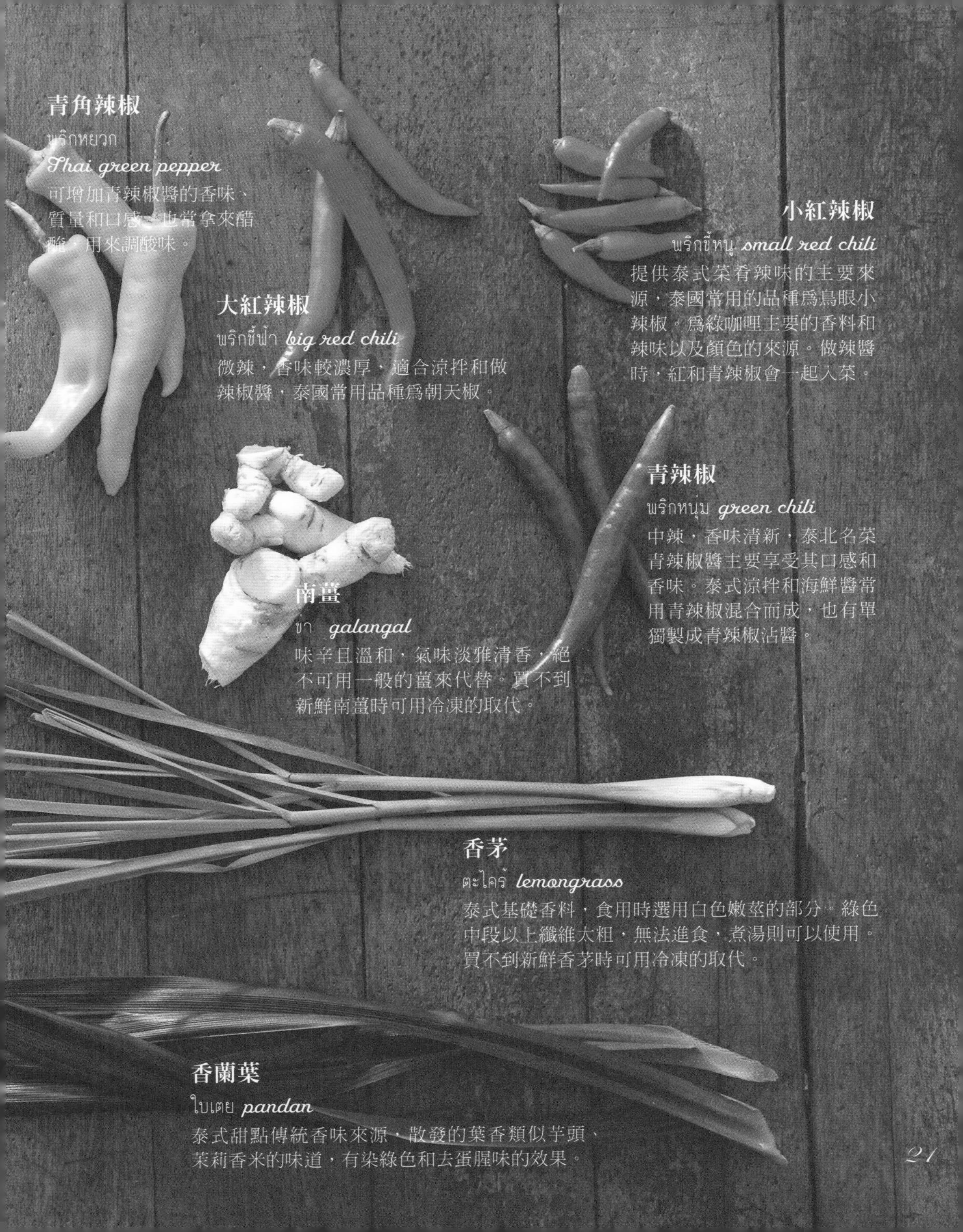

青角辣椒

พริกหยวก *Thai green pepper*

可增加青辣椒醬的香味、質量和口感，也常拿來醋醃，用來調酸味。

大紅辣椒

พริกขี้ฟ้า *big red chili*

微辣，香味較濃厚，適合涼拌和做辣椒醬，泰國常用品種爲朝天椒。

小紅辣椒

พริกขี้หนู *small red chili*

提供泰式菜肴辣味的主要來源，泰國常用的品種爲鳥眼小辣椒。爲綠咖哩主要的香料和辣味以及顏色的來源。做辣醬時，紅和青辣椒會一起入菜。

青辣椒

พริกหนุ่ม *green chili*

中辣，香味清新，泰北名菜青辣椒醬主要享受其口感和香味。泰式涼拌和海鮮醬常用青辣椒混合而成，也有單獨製成青辣椒沾醬。

南薑

ข่า *galangal*

味辛且溫和，氣味淡雅清香，絕不可用一般的薑來代替。買不到新鮮南薑時可用冷凍的取代。

香茅

ตะไคร้ *lemongrass*

泰式基礎香料，食用時選用白色嫩莖的部分。綠色中段以上纖維太粗，無法進食，煮湯則可以使用。買不到新鮮香茅時可用冷凍的取代。

香蘭葉

ใบเตย *pandan*

泰式甜點傳統香味來源，散發的葉香類似芋頭、茉莉香米的味道，有染綠色和去蛋腥味的效果。

小乾辣椒
พริกแห้งเล็ก small dried chili

大乾辣椒
พริกแห้งเม็ดใหญ่ big dried chili

泰式乾辣椒粉
พริกป่น Thai dried chili powder

乾燥南薑
ข่าแห้ง dried galangal

乾燥香茅
ตะไคร้แห้ง dried lemongrass

乾燥檸檬葉
ใบมะกรูดแห้ง dried kaffir leaf

小豆蔻
ลูกกระวาน cardamom

丁香
กานพลู clove

香菜籽
ลูกผักชี coriander seed

乾燥香料

除了新鮮香料，運用乾燥香料也很重要，氣味濃郁，也方便取得與使用，

小乾辣椒

พริกแห้งเล็ก *small dried chili*

油炸後帶著濃郁的酥香與微辣口感，主食和點心的配菜中不能少這一味。用於需要強調香辣味的咖哩辣醬，例如紅咖哩。

大乾辣椒

พริกแห้งเม็ดใหญ่ *big dried chili*

辣椒醬和咖哩的元素。用於不是以辣味爲主但希望保留辣椒香味的料理，例如瑪沙曼咖哩和紅辣椒醬。

泰式乾辣椒粉

พริกป่น *Thai dried chili powder*

曬乾的朝天椒，搗或磨成碎屑狀。中辣，添加調辣味時請小心。

乾燥香茅

ตะไคร้แห้ง *dried lemongrass*

適合拿來煮湯，沒有新鮮或冷凍時才用乾燥的代替，新鮮的最香，也可生食。

乾燥南薑

ข่าแห้ง *dried galangal*

不建議用在任何料理，容易煮出苦味，醃漬時可用南薑粉代替。

乾燥檸檬葉

ใบมะกรูดแห้ง *dried kaffir leaf*

入菜時，捏碎即可使用。

小豆蔻

ลูกกระวาน *cardamom*

泰國的伊斯蘭飲食文化中常用的香料，香氣濃郁，可與大荳蔻互相替換。

丁香

กานพลู *clove*

溫和、味道辛香，瑪沙曼咖哩辣醬特有的辛香料。

香菜籽

ลูกผักชี *coriander seed*

泰國傳統香料，爆香使用，香氣逼人。

白芝麻

งาขาว *white sesame*

甜點和主食中都很常見。使用前可乾鍋煎至微微焦香，增加香味與口感。

南薑粉

ผงข่า *galangal powder*

醃漬時可用來取代新鮮或冷凍的南薑。

肉桂

อบเชย *cinnamon*

味甜而辛辣，瑪沙曼咖哩的香料。

薑黃粉

ผงขมิ้น *turmeric powder*

薑黃是一種地下根莖植物，富含薑黃素，是很好的健康食品。染黃色效果強。

咖哩粉

ผงกะหรี่ *curry powder*

印度咖哩粉，成分以薑黃爲主，與泰國北方的夯勒粉相似，可替代夯勒粉。

白胡椒粉

ผงพริกไทย *white peppercorn powder*

常用於醃漬海鮮和快炒類的辛香料。

黑胡椒粒

พริกไทยดำ *black peppercorn*

味道比白胡椒更辛辣濃郁。醃漬肉類時可添加，提升胡椒香味。

白胡椒粒

พริกไทยเม็ด *white peppercorn*

辛辣但溫和，與泰國品種小蒜頭、香菜根爲三個主要泰式香氣基底。

孜然

ยี่หร่า *cumin*

富含油脂，氣味芳香而濃烈，高溫加熱後，香味會越來越濃，也是配製印度咖哩粉的主要原料，是大多數泰式咖哩的基本調和香料。

白芝麻
งาขาว white sesame

南薑粉
ผงข่า galangal powder

肉桂
อบเชย cinnamon

咖哩粉
ผงกะหรี่ curry powder

薑黃粉
ผงขมิ้น turmeric powder

白胡椒粉
ผงพริกไทย
white peppercorn powder

黑胡椒粒
พริกไทยดำ black peppercorn

白胡椒粒
พริกไทยเม็ด white peppercorn

孜然
ยี่หร่า cumin

瑪沙曼咖哩辣醬
พริกแกงมัสมั่น *massaman curry paste*

打抛醬
พริกผัดกระเพา *holy basil sauce*

魚露
น้ำปลา *fish sauce*

麻油
น้ำมันงา *sesame oil*

蝦醬
กะปิ *shrimp paste*

泰式辣椒醬
น้ำพริกเผา *roasted chili paste*

泰式醃魚醬
ปลาร้า *pickled fish paste*

黃咖哩辣醬
พริกแกงกะหรี่ *yellow curry paste*

瑪沙曼咖哩辣醬
พริกแกงมัสมั่น *massaman curry paste*

醬料

運用道地泰式醬料，讓你更快取得泰國味！

打拋醬

พริกผัดกระเพา *holy basil sauce*

由打拋葉、蒜、紅蔥頭、辣椒等辛香料爆香和炒過後製成的醬料。泰國的打拋葉（holy basil），和九層塔同類不同品種，打拋葉香草味比較濃郁，辛辣中不帶甜味，適合拿來炒肉類。

瑪沙曼咖哩辣醬

พริกแกงมัสมั่น *massaman curry paste*

源自於泰國伊斯蘭咖哩辣醬，充滿印度和中東料理的濃郁香氣，丁香、肉桂、豆蔻三種香料缺一不可。

魚露

น้ำปลา *fish sauce*

主要調鹹味用，將魚和鹽、糖釀造約兩季，煮熟後過濾而得。

麻油

น้ำมันงา *sesame oil*

由芝麻提煉而成，和中式麻油一樣。

蝦醬

กะปิ *shrimp paste*

濃郁的臭香味，泰國菜重要的咖哩和湯的材料，請選用品質佳的泰國蝦醬，通常泰國中南部沿海的磷蝦品質為佳。

泰式辣椒醬

น้ำพริกเผา *roasted chili paste*

由乾辣椒、椰糖、蒜、紅蒜頭等炒後油封製成，甜、鹹、不辣，有人拿來沾薯片和水果，也適合做涼拌和熬製湯頭，調味使用。

泰式醃魚醬

ปลาร้า *pickled fish paste*

將魚和鹽、米一起醃漬，香臭味濃，可增加菜餚濃郁的海味。雖然不是每個人都能接受，但愛的人就會非常喜愛。

黃咖哩辣醬

พริกแกงกะหรี่ *yellow curry paste*

以薑黃為主要氣味和顏色來源，有別於印尼爪哇和日式咖哩，常做成雞和牛的料理。

泰式豆瓣醬

เต้าเจี้ยว *Thai soybean paste*

以鹹味爲主，並非台灣的豆瓣醬口味，常用來替代豆鼓片。

蠔油

ซอสหอยนางรม *oyster sauce.*

快炒調味的醬料，增加食物鮮甜和海味。

黑醬油

ซีอิ๊วดำ *black soy sauce*

又稱甜醬油，適合大火快炒的料理。醬汁濃稠，常用於上醬色，增加豆香和甜味爲主的醬料。

泰式甜辣醬

ซอสพริก *Thai chili sauce*

甜、小辣、微鹹，在泰國是煎蛋時，不能沒有的沾醬。

甜雞醬

น้ำจิ้มไก่ *Thai chicken sauce*

甜、鹹、無辣味，常用來當炸物的沾醬。

紅咖哩辣醬

พริกแกงเผ็ด *red curry paste*

可說是咖哩辣醬之母，它能替代許多咖哩，紅色來自小乾辣椒皮。

帕捻咖哩醬

พริกแกงพะแนง *panang curry paste*

與紅咖哩辣醬相似，差別在於強調更多的辛香料做出的咖哩需濃稠，只能用椰奶烹煮。

綠咖哩辣醬

พริกแกงเขียวหวาน *green curry paste*

由綠色鳥眼辣椒製成，爲主要顏色來源，是泰式咖哩中最辣的咖哩辣醬。鳥眼辣椒在台灣不好取得，可用青辣椒取代。

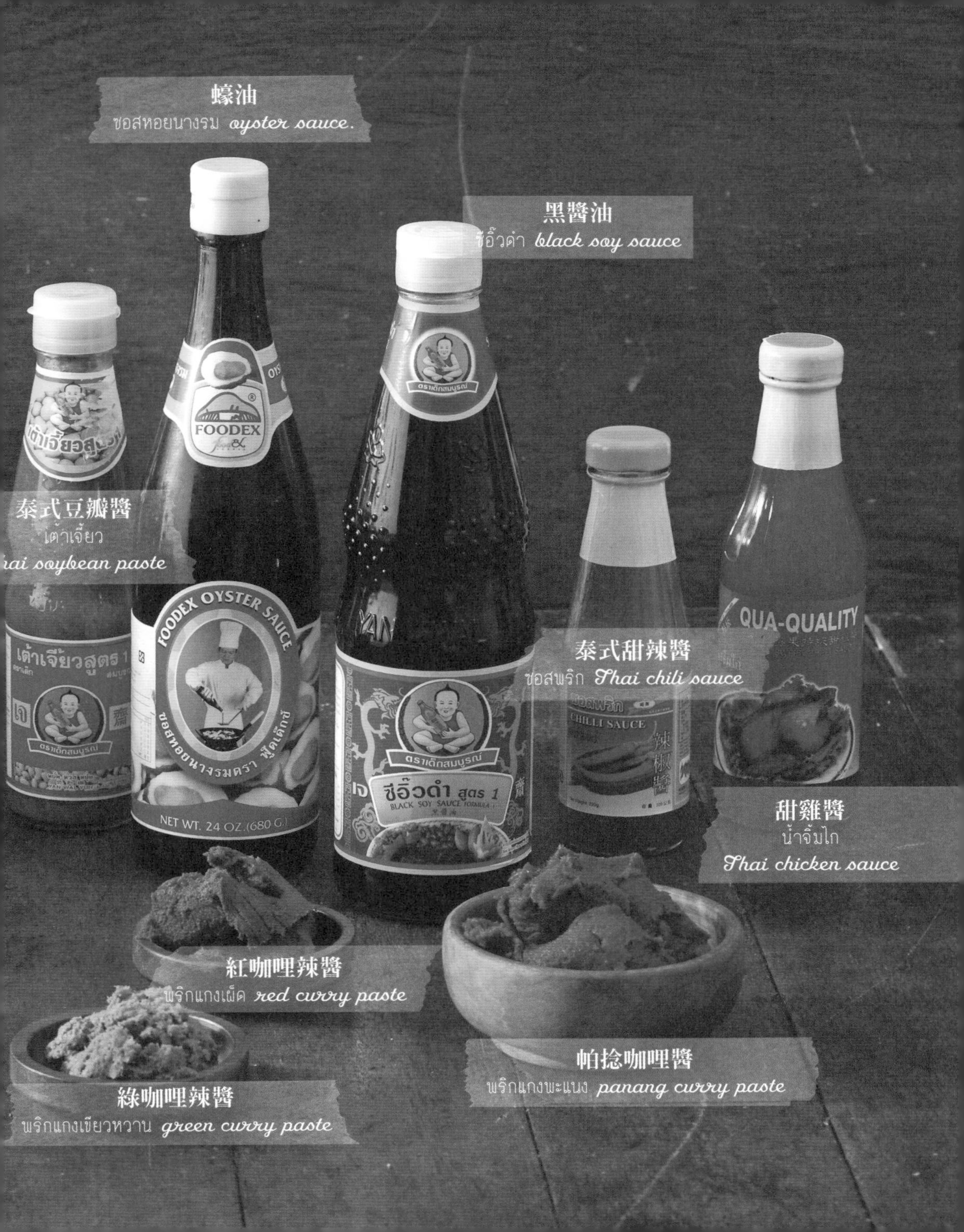

蠔油
ซอสหอยนางรม *oyster sauce.*

黑醬油
ซีอิ๊วดำ *black soy sauce*

泰式豆瓣醬
เต้าเจี้ยว
hai soybean paste

泰式甜辣醬
ซอสพริก *Thai chili sauce*

甜雞醬
น้ำจิ้มไก่
Thai chicken sauce

紅咖哩辣醬
พริกแกงเผ็ด *red curry paste*

帕捻咖哩醬
พริกแกงพะแนง *panang curry paste*

綠咖哩辣醬
พริกแกงเขียวหวาน *green curry paste*

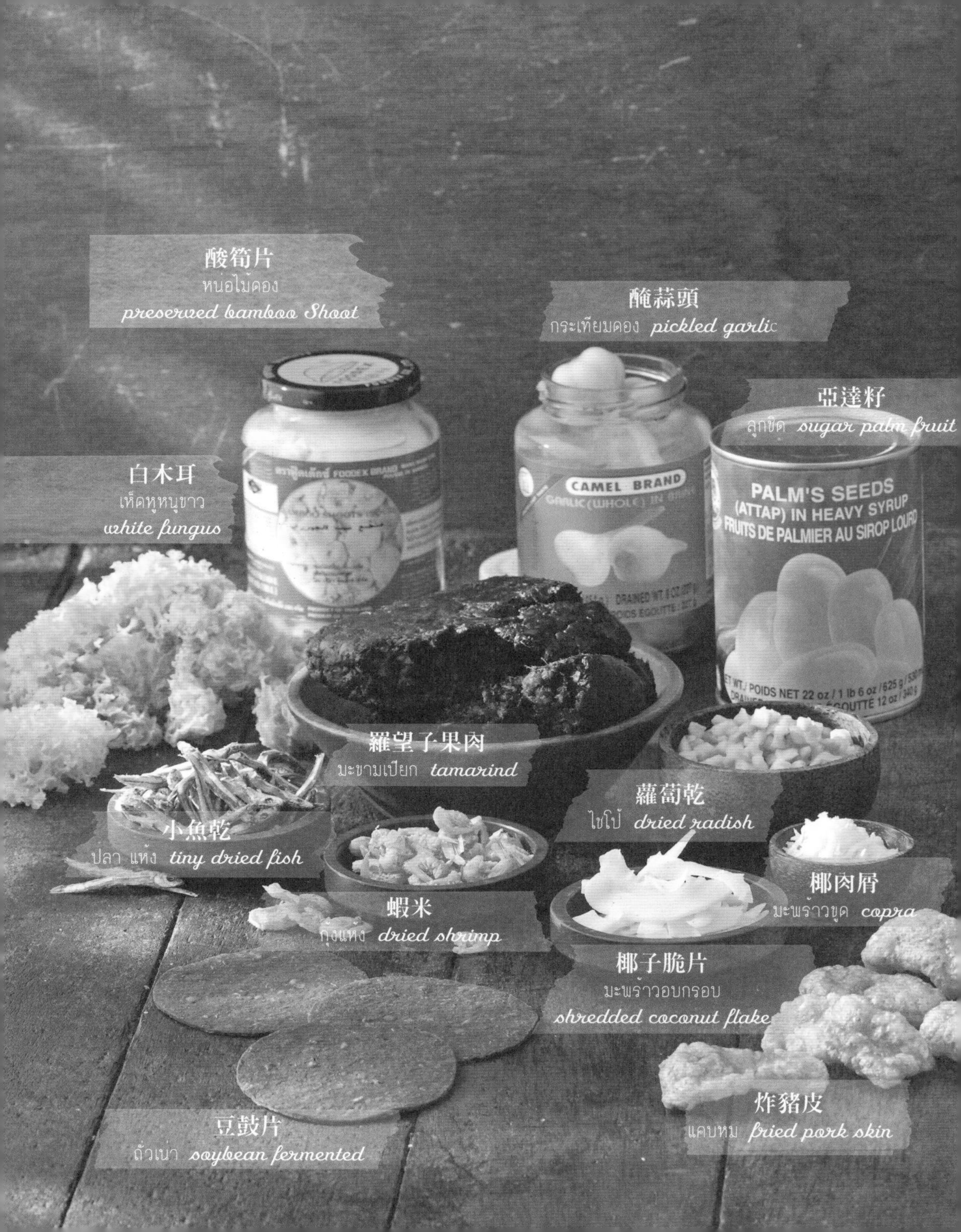
酸筍片
หน่อไม้ดอง
preserved bamboo Shoot
醃蒜頭
กระเทียมดอง pickled garlic
亞達籽
ลูกชิด sugar palm fruit
白木耳
เห็ดหูหนูขาว
white fungus
CAMEL BRAND
PALM'S SEEDS
(ATTAP) IN HEAVY SYRUP
FRUITS DE PALMIER AU SIROP LOURD
羅望子果肉
มะขามเปียก tamarind
蘿蔔乾
ไชโป๊ dried radish
小魚乾
ปลา แห้ง tiny dried fish
椰肉屑
มะพร้าวขูด copra
蝦米
กุ้งแห้ง dried shrimp
椰子脆片
มะพร้าวอบกรอบ
shredded coconut flake
炸豬皮
แคบหมู fried pork skin
豆鼓片
ถั่วเน่า soybean fermented

其他材料

這些材料都是泰國料理裡經常使用的，廚房常備，隨時可料理泰式菜餚。

亞達籽

ลูกชิด *sugar palm fruit*

將棕櫚果實醃在糖水內，加工而成。

白木耳

เห็ดหูหนูขาว *white fungus*

可做甜點和酸辣涼拌，做涼拌時可用黑木耳替換。

小魚乾

ปลา แห้ง *tiny dried fish*

涼拌、辣醬的海味，建議選用丁香魚乾。

豆豉片

ถั่วเน่า *soybean fermented*

常用於泰國北方料理，是將黃豆發酵後，壓製曬乾的圓形薄片，買不到的時候可用泰式豆瓣醬代替。

蘿蔔乾

ไชโป๊ *dried radish*

源自中國，常用於點心或快炒類。使用前先沖洗個三次，泡水約15分鐘，避免味道過鹹。

蝦米

กุ้งแห้ง *dried shrimp*

涼拌時增加口感與海味，使用時最好挑大隻、肉質飽滿的。

醃蒜頭

กระเทียมดอง *pickled garlic*

味道酸甜，沒有新鮮大蒜的辛辣與嗆味。

酸筍片

หน่อไม้ดอง *preserved bamboo Shoot*

當配菜或主食，增加爽脆的口感和酸味。

羅望子果肉

มะขามเปียก *tamarind*

泰國常見的水果，分為甜和酸的果實品種，甜的只要果實成熟後可直接吃，酸的則做成飲料和入菜，增加菜肴的酸度。

椰肉屑

มะพร้าวขูด *copra*

將介於熟和老之間的椰子果肉削成碎屑，可增加傳統甜點的口感和植物奶香。

椰子脆片

มะพร้าวอบกรอบ *shredded coconut flake*

將中年的椰子果肉削成長條片狀後烘乾的零食。

炸豬皮

แคบหมู *fried pork skin*

在北方當作配菜，增加口感和酥香的味道。

奶水

นมข้นจืด *evaporated milk*

調味牛乳，有濃稠奶香卻沒有甜味，用於飲料、甜點、做菜時的調味。

椰奶

กะทิ *coconut milk*

將老椰子的果肉處理成碎屑後加入熱水擠壓，過濾後而成的椰肉果漿。

煉乳

นมข้นหวาน *condensed milk*

奶香濃稠，以甜味爲主的調和乳製品，用於甜點和飲料調味。

椰糖

น้ำตาลปี๊บ *palm sugar*

又稱棕櫚糖，以前大都是由棕櫚果實所提煉，現在由椰子提煉的也很多，可相互通用。市售壓成圓型的椰糖一塊約50克重，如果用蔗糖替代最好選用黃砂糖，一份砂糖約等於三份椰糖的甜度。

茉莉香米

ข้าวหอมมะลิ *jasmine rice*

煮熟後有茉莉香味的泰國長米，比一般稻米高出5倍纖維。煮法是先泡水約30分鐘後，再以1:1.1的比例將米和水煮熟。若要用來炒飯，比例則換成1:1，煮熟直接使用或用隔夜香米都可以。

尖糯米

ข้าวเหนียว *glutinous rice*

常用於泰式甜點，東北和北方地區則以熟糯米爲主食。

烤糯米末

ข้าวคั่ว *roasted sticky rice powder*

將糯米用中小火乾炒約8至10分鐘直到糯米變成焦香、金黃色，然後搗成碎顆粒、粉末狀。

西谷米

สาคู *sago*

主要成分爲西米棕櫚的莖製成的澱粉，再和木薯粉、麥澱粉、包穀粉加工，烹煮熟後透明有嚼勁。

原味乾花生

ถั่วลิสงคั่ว *skinless peanut*

可購買不帶皮的生乾花生，自行乾鍋煎至表面微焦、金黃色，適合加入涼拌蔬果和配料內。

油炸花生

ถั่วลิสงทอด *fried peanut*

適合口味重的，香料特別多的肉類涼拌菜，炸過口感更能保持酥脆和花生的香味。

腰果

เม็ดมะม่วงหิมพานต์ *cashew*

除了乾花生之外，腰果是泰式涼拌最常用的堅果類，可以買生的回來再自行乾鍋煎或烤過，享用天然的原味。

椰奶
กะทิ coconut milk

椰糖
น้ำตาลปี๊บ palm sugar

奶水
ข้นจืด evaporated milk

煉乳
นมข้นหวาน condensed milk

茉莉香米
ข้าวหอมมะลิ jasmine rice

西谷米
สาคู sago

烤糯米末
ข้าวคั่ว roasted sticky rice powder

尖糯米
ข้าวเหนียว glutinous rice

腰果
เม็ดมะม่วงหิมพานต cashew

原味乾花生
ถั่วลิสงคั่ว skinless peanut

油炸花生
ถั่วลิสงทอด fried peanut

NESCAFÉ
Rich Aroma
3in1
NESCAFÉ
Lipton

Chapter 1

涼拌類

สลัดตำ
ลาบ
น้ำตกและยำต่างๆ

salad

ส้มตำ

涼拌
青木瓜絲

Green papaya salad

源自泰國東北伊參（Isan）地區的小吃，後來廣傳至泰國各地並發展出各自的特色。大家比較熟知的是皇城區（曼谷）的口味，特色為嚐得出明顯的鹹、酸、辣、甜，味道彼此之間又很協調。泰文ส้มตำ [som tum]中，ส้ม [som]為酸，而ตำ [tum]是搗的意思，顧名思義這道菜需要用搗的將各種食材的味道混合進去，而材料中的青木瓜絲雖是主食，卻也需要其他蔬菜當配角，是個很常見的下午茶小吃。

材料・4人份

小紅辣椒 — 1支
大蒜 — 3瓣
椰糖 — 2大匙
豇豆 — 1支，切成約5公分長
小番茄 — 6顆，對切，建議挑偏酸的小番茄
青木瓜 — 1又1/2杯，去皮後刨細絲
檸檬汁 — 1/2顆
魚露 — 2大匙
原味乾花生 — 2大匙
蝦米 — 2大匙

生鮮配菜（可換成自己喜歡的食材與分量）

水耕空心菜 — 4支，葉子摘下來備用，莖的部分切成約5公分長段
豇豆 — 2支，切成約10公分長段
高麗菜 — 1/4顆，切成約3公分寬片狀

作法

1. 小紅辣椒、大蒜和椰糖放到搗缽中搗成泥狀。
2. 放入豇豆，壓到裂開後加入小番茄，小番茄壓出汁就好，不需搗爛。然後把缽內材料拌勻。
3. 接著把青木瓜、檸檬汁和魚露放入搗缽內，一邊輕輕的搗一邊持續攪拌，混合均勻後試試看味道，依自己的口味簡單的調整酸度和鹹度。
4. 最後加入蝦米和乾花生拌勻，搭配準備好的生鮮配菜上桌。

★ 可依照自己的喜好調整辣度，這個配方中的1支小紅辣椒，在台灣應該算小辣，若在泰國，則是不辣的口味。

ยำมะม่วง

涼拌青芒果絲

Green mango salad

在台灣，大家喜歡吃多汁鮮甜的熟芒果，不過在泰國，大部分的人反而喜歡吃帶酸的青芒果，其中有酸和甜的不同品種，酸的適合拿來涼拌，甜的青芒果則直接食用。雖然青木瓜沙拉和青芒果沙拉看起來很像，不過作法和用料卻是大大不同，滋味如同專為青芒果而設計似的，可見泰國人有多麼鍾情於青芒果。

材料・4-6人份

小魚乾 — 40克
魚露 — 2大匙
檸檬汁 — 2大匙
椰糖 — 50克，
　可用2茶匙的黃或白砂糖取代
原味乾花生 — 4大匙
青金煌芒果 — 半顆（約1又1/2杯），
　去皮後切絲
蝦米 — 2大匙
泰式乾辣椒粉 — 1/2大匙

作法

1. 小魚乾入乾鍋，用中小火炒出香氣且魚乾變脆，取1/3搗成魚乾粉備用，另外2/3保留原形不要搗碎，以保留口感。
2. 製作醬汁。將魚露、檸檬汁和椰糖（可先搗碎方便融化）倒入大容器中拌均。如果青芒果本身已經很酸了，檸檬汁就要減量，甚至擠幾滴帶出香氣即可。
3. 把所有的材料拌在一起就完成了！

สัมตำผลไม้

酸甜 水果堅果沙拉

Mixed fruits and nuts salad

台灣素有水果王國的稱號，水果產量豐富且品種多樣，在台灣做水果沙拉最適合不過了。利用辣椒、檸檬汁和椰糖提出水果的香甜滋味，讓整道菜嚐起來口味層次更豐富。料理時請挑選當季盛產的水果自由組合，淋上特製的泰式醬汁和堅果，做出屬於你個人口味的泰式水果沙拉。

材料．4-6人份

大紅辣椒 — 1支，切成約1公分長
大蒜 — 3瓣
椰糖 — 50克，
可用2茶匙的黃或白砂糖取代
檸檬汁 — 3大匙
魚露 — 2大匙
鳳梨 — 1/4顆，切成約2公分塊狀
蘋果 — 半顆，切成約2公分塊狀，
泡鹽水，以免氧化
芭樂 — 半顆，切成約2公分塊狀
柳橙 — 1顆，取果肉，
切成約2公分塊狀
小番茄 — 5顆，對切
原味乾花生 — 4大匙
腰果 — 約1/4杯
蝦米 — 2大匙

作法

1. 製作醬汁。將辣椒、大蒜和椰糖在搗缽內搗碎，加入檸檬汁和魚露調味拌勻。
2. 將處理好的水果倒入適合的容器中，淋上醬汁後輕輕拌勻，最後撒上花生、腰果和蝦米即可。

★ 這道菜的調味非常重要，請按照自己喜歡的口味，以食譜所列比例為基準微調甜（椰糖）、鹹（魚露）、酸（檸檬汁）、辣（辣椒）之間的平衡。

★ 可以買生的花生跟腰果，以乾鍋煎或烤過後，香氣和味道會更好。

ยำเกรปฟรุต

涼拌椰奶葡萄柚沙拉

Coconut milk and grapefruit salad

泰國共有四大菜系，分別是北、東北、中及南部地區，各地皆有不同詮釋這道菜的方法。此食譜是中部皇城區（曼谷）的傳統口味。原文中的ยำ [yum] 指的是涼拌手法，混合新鮮蔬果和特製椰奶涼拌而成，吃起來帶著濃郁奶香，其酸甜微辣的溫和口感，凸顯清爽的柑橘類水果風味。傳統的配方是以柚子作爲主角，不過台灣柚子產季比較短，所以採用葡萄柚取代，在家也可替換成其他柑橘類水果。在中秋前後盛產柚子的時節，千萬別錯過這道菜噢！

材料・4人份

熱炒油 — 2大匙
蒜片 — 1又1/2大匙
切片紅蔥頭 — 1又1/2大匙
椰奶 — 100毫升
泰式辣椒醬 — 2大匙
魚露 — 1茶匙
椰糖 — 1茶匙，可用1/4茶匙砂糖取代
蝦米 — 1大匙
原味乾花生 — 2大匙，
　先烤過味道比較香，可用腰果取代
大紅辣椒 — 1支，切絲
檸檬汁 — 1又1/2大匙
葡萄柚果肉 — 2杯，撕成一口的大小
香菜葉 — 適量

作法

1. 小火熱油後，分別把蒜頭與紅蔥頭煎至金黃色並帶微微的焦香，取出後把油瀝掉備用。
2. 以小火加熱椰奶，只需加熱而已，別把椰奶煮滾了。加入泰式辣椒醬、魚露和椰糖拌勻後關火。
3. 等到步驟2的湯汁放涼後，加入步驟1的蒜頭酥和紅蔥頭酥，以及蝦米、花生、辣椒絲和檸檬汁，稍拌勻，確認調味，直接淋上裝好盤的葡萄柚果肉，最後撒上香菜裝飾。

★ 可額外加上蛋白質類的配料，如燙熟的蝦仁或肉末。

ซุปหน่อไม้

東北泰涼拌酸辣桂竹筍絲

Bamboo shoot salad in northeastern style

來自泰國東北部伊參地區的名菜，這一道的涼拌手法是泰文中的ซุป [soup]，先將烤熟的竹筍與亞南葉（ใบย่านาง，yanang leaf）一起熬煮，此道手續可去除竹筍的苦澀，並引出特有的鮮甜，最後拌入帶著獨特香氣的烤糯米末，以及乾辣椒粉和新鮮薄荷葉提升芬芳的香氣。

泰國以外地區不容易買到亞南葉，這裡以較簡單的方式重現東北泰涼拌桂竹筍絲的美味。

材料・2-4人份

熟桂竹筍——1杯
水——150毫升
魚露——1大匙
紅蔥頭——1又1/2大匙，切片
蔥末——2大匙
泰式乾辣椒粉——1茶匙
烤糯米末——1大匙
白芝麻——2茶匙，
　乾鍋炒香或用烤箱烤出香氣
檸檬汁——2茶匙
薄荷葉——約12片

作法

1. 將熟桂竹筍放在桌上，用叉尖不停的刮，刮成絲狀後切成約5公分長段，再用清水清洗三次，最後擰乾備用。
2. 用中小火把水煮滾後加入魚露調味，等到再次沸騰後加入熟桂竹筍絲，攪拌均勻後關火，不需瀝水，撈起即可。
3. 接著放入紅蔥頭、蔥末、泰式乾辣椒粉、烤糯米末、白芝麻和檸檬汁拌勻，上桌前撒上薄荷葉，輕輕地拌過即可盛盤。

★ 到泰國旅遊時，一定要到伊參地區的餐廳或攤子上點這道菜，並試試看亞南葉的味道。這是道美味與食療並濟的泰式菜肴，因為亞南葉是個神奇的植物，有治療癌症以及提升免疫力的效果。

★ 烤糯米末是泰國東北料理中經常用到的調味配料，將生糯米用中小火乾炒約8-10分鐘，直到糯米變成金黃色，然後搗成碎顆粒、粉末狀即可。

ยำวุ้นเส้น
涼拌粉絲
Cellophane noodle salad

泰文ยำ [yum]是酸辣涼拌的意思，強調新鮮而且作法簡單，一頓豐富的泰國菜一定不能缺少ยำ的菜色，無論是炸、烤、燙、蒸處理過的肉類，都可和各種蔬菜混合涼拌，做成酸辣菜式。

這道經典料理低卡路里又健康，以酸、鹹、辣和微微的甜味爲主要的味道。這道菜在台灣餐廳通常會以冷盤上桌，其實泰國道地吃法市將肉類和粉絲燙熟後立刻拌在一起，要帶著餘溫上桌，客人才知道你是新鮮現做的。

材料 4人份

冬粉 — 1捲（約50克重），泡水約20分鐘後平均切成三段
白木耳 — 150克，泡水20分鐘後撕成一口大小
草蝦 — 4隻，去頭、殼後留尾巴，開背去腸泥
豬肉末 — 100克
牛番茄 — 1/2顆，切片
洋蔥 — 1/3顆，切厚絲
芹菜 — 1支，切成約5公分長段
大紅辣椒 — 2支
大蒜 — 5瓣
香菜根 — 2根
椰糖 — 25克，可用1茶匙的黃砂糖取代
魚露 — 2大匙
檸檬汁 — 2大匙

作法

1. 準備一鍋約700毫升的滾水，將冬粉燙熟後撈起。隨後依序把白木耳、草蝦和豬肉末分開燙熟，撈起後瀝乾備用。
2. 將步驟1燙好的材料放到適合涼拌的大容器中與牛番茄、洋蔥和芹菜混合拌勻。
3. 製作醬汁。把辣椒、大蒜和香菜根放入缽中搗碎，再加入椰糖搗勻後，混合魚露和檸檬汁調味。
4. 淋上醬汁並拌勻後試一下味道，調整成自己喜歡的口味後即可盛盤。

หมูมะนาว

涼拌檸檬豬頸肉與芥藍梗

Sliced pork with Chinese kale salad

這是個適合新手入門的簡易泰國料理，新鮮的小紅辣椒加上清香的檸檬，再配上大蒜、魚露和椰糖，這樣鹹、酸、辣、甜的風味組合，即是正宗泰國料理的基調與特色。豬肉最好選擇豬頸肉或里肌肉，配菜非芥藍不可，而且芥藍的梗越粗越好，因爲在泰國料理中，葉菜類蔬菜的梗或莖因爲清脆帶甜的口感，反而比菜葉更受到泰國人的喜愛，推薦給大家品嚐。

材料・4人份

大蒜——5瓣
大紅辣椒——1支，切末，
可混合一些青辣椒增色
小紅辣椒——1支，切末
椰糖——25克，可用1茶匙的白砂糖取代
檸檬汁——2大匙
魚露——1又1/2大匙
豬頸肉——300克，切成約一口大小的薄片
芥藍菜梗——3支，
剝掉表皮纖維後切成約0.5公分厚，
盡量挑接近根部、最粗的菜梗

作法

1. 製作佐醬。將大蒜、辣椒、椰糖放入搗缽中搗碎，不用搗成泥狀。加入檸檬汁、魚露拌勻。
2. 額外燒一鍋沸水，把肉片快速燙熟後取出，小心不要煮太久以免過老。
3. 混合豬肉片、芥藍菜梗與醬汁，試試看味道後微調一下就可以上菜了。

★ 這個配方是小辣，如果做成下酒菜的話，味道可以調得稍微重一些。

ลาบอีสาน

伊參涼拌酸辣肉末

Spicy pork salad

在泰國除了豬肉口味以外，也很流行用鴨肉來呈現這道菜，配方內的炒糯米末是很重要的香氣來源和特色，而附餐的生菜也是重點之一，建議選擇三種以上自己喜歡的新鮮生菜，用不同口感和味道增添這道料理的層次。吃的時候以一口肉末、一口生菜的方式，盡情品嚐不同食材在口中激盪出的有趣滋味。

材料．4-6人份

豬絞肉 — 300克，肥肉比例約占兩成
紅蔥頭 — 約2大匙，切片
泰式乾辣椒粉 — 2茶匙
檸檬汁 — 1大匙
魚露 — 1大匙
烤糯米末 — 50克
蔥 — 1支，切末
薄荷葉 — 12至18片

生鮮配菜（可換成自己喜歡的食材與分量）

小黃瓜 — 2根，切片
包心白菜 — 1/4顆，切成約手掌大的片狀
豇豆 — 2支，切成5公分長段

作法

1 豬絞肉放入乾鍋中，以中小火炒至八分熟，過程需不停地攪拌。
2 加入紅蔥頭後煮至全熟。
3 關火後下泰式乾辣椒粉、檸檬汁和魚露拌勻，最後加入烤糯米末、蔥末和薄荷葉再拌一次即可盛盤，上頭用薄荷葉點綴，生菜擺盤。

★ 可額外加入水煮的豬內臟切片，如豬肝、豬脆腸或豬皮。這種吃法在泰國更道地也相當受歡迎，建議喜歡內臟的朋友一起入菜。

น้ำตกเนื้อ
酸辣烤牛肉瀑布沙拉
Grilled beef with spicy salad

備受許多美食評論家讚賞的料理，並列名全球50道不容錯過的泰國菜之一，相信不久之後，大家不用透過翻譯，就會像泰式酸辣蝦湯（tom yum gong）一樣，一聽就知道是什麼菜。原文裡的น้ำ [num] 是水，ตก [tok] 代表向下，合起來就是瀑布的意思，เนื้อ [nuaa] 則是肉或牛肉。瀑布牛源自東北的伊參地區，傳統作法是火烤牛肉後，淋上豬或牛血一起涼拌入菜，故美其名爲瀑布，不過現因衛生安全考量已經不再這樣做了。

材料 · 4人份

牛肉 — 500克，帶脂肪約2公分厚的肉塊，建議選後腿肉或里肌肉
紅蔥頭 — 4大匙，切片
香菜 — 2株，切1公分長，傳統會用刺芫荽，可省略
烤糯米末 — 3大匙
泰式辣椒粉 — 2茶匙
魚露 — 3大匙
檸檬汁 — 4大匙
薄荷葉 — 約1/4杯

生鮮配菜（可換成自己喜歡的食材與分量）

小黃瓜 — 2根，切片
包心白菜 — 4片，切成約手掌大的片狀
豇豆 — 2支，切成約10公分長段
水耕空心菜 — 2支，切成約10公分長
九層塔 — 4株

作法

1. 將牛肉入鍋，以大火乾鍋將雙面各煎約3分鐘，或是以攝氏200度兩面各烤約5分鐘，取出後切成約0.5公分的厚度。
2. 拌入紅蔥頭、香菜、烤糯米末、泰式辣椒粉、魚露和檸檬汁。
3. 試試看味道後微調一下，再加入薄荷葉拌勻。
4. 盛盤時搭配生菜一起享用。

★ 不吃牛肉的朋友可改做瀑布豬，將牛肉換成烤豬肉或豬頸肉取代牛肉。

★ 請精心搭配配菜，一定不可缺少新鮮生菜來搭配食用喔！

ยำตะไคร้

涼拌香茅沙拉

Lemongrass salad

看到原文中的ยำ [yum]就知道是涼拌菜，這在泰國是道美味又可維持身體健康的料理，以辛香料爲主角的泰式涼拌，最主要的特色是辛香料的分量占所有材料的五到六分之一，雖然材料中的主角是新鮮香茅，但其他配料帶來的豐富口感也相當重要，調味時請取得酸、鹹、辣、甜的平衡。

材料 · 4人份

新鮮香茅 — 6大匙
熱炒油 — 4大匙（炸蝦米和丁香小魚乾用）
蝦米 — 3大匙
小魚乾 — 10克
檸檬汁 — 4大匙
魚露 — 3大匙
椰糖 — 25克，磨碎，
　可用1茶匙的砂糖取代
豬肉末 — 100克，過滾水燙熟，
　可依喜好換成蝦、雞或鮪魚
紅蔥頭 — 3大匙，切片
大紅辣椒 — 2支，切末
蔥 — 1支，切末，可省略
原味乾花生 — 3大匙，可換成腰果

作法

1. 香茅剝掉外圈厚皮後切薄片。使用靠近根部白色嫩莖的部分就好，中段以上的綠色部分，因爲纖維太粗沒辦法吃。
2. 將鍋子傾斜，用鍋角依序以小火油炸蝦米和小魚乾，炸到香酥後取出，瀝掉多餘的油備用。
3. 另備一搗缽，混合檸檬汁、魚露和椰糖，確認椰糖融化後混入所有的材料，仔細拌匀後試一下味道即可上桌。

★ 大家可以發揮創意，替換配料裡的肉、辛香料，甚至不同的堅果，都會有很棒的風味。

พล่ากุ้ง
酸辣鮮蝦沙拉
Spicy shrimp salad

來自泰國中部皇城區(曼谷)的菜色。以泰式辣椒醬爲基調，加上香茅、薄荷葉與檸檬葉一起入菜。此道菜屬於溫沙拉，這種作法在泰文是พล่า [pla]，而กุ้ง [gong]則是蝦，記得汆燙鮮蝦後迅速混合醬汁並立即上桌，以保留蝦子的鮮甜。初次料理的朋友可以慢慢嘗試調味，累積幾次經驗應可得心應手。

材料・2-4人份

香茅 — 2支
檸檬汁 — 3大匙
泰式辣椒醬 — 2大匙
魚露 — 2大匙
白砂糖 — 1/2茶匙
大紅辣椒 — 1支，切末
小紅辣椒 — 1支，切末
紅蔥頭 — 大匙，切片
草蝦 — 400克，去頭、殼後留尾巴，
　開背去腸泥，建議選草蝦或中型泰國蝦
檸檬葉 — 3片，對半撕掉中間的粗莖，
　建議選新鮮或冷凍的
薄荷葉 — 10片

作法

1. 香茅剝掉外圈厚皮後切薄片。使用靠近根部白色嫩莖的部分就好，中段以上的綠色部分，因爲纖維太粗沒辦法吃。
2. 將檸檬汁、泰式辣椒醬、魚露和砂糖攪拌均勻，再加入辣椒末、紅蔥頭拌勻。
3. 另外準備一鍋滾水，放入蝦子燙熟後即可撈出，不要等到再次滾沸以免肉質過熟變硬。
4. 混合蝦肉和步驟2的醬汁，最後拌入檸檬葉與薄荷葉即可盛盤。

ยำทะเล

涼拌海鮮沙拉佐酸辣醬

Spicy seafood salad

記得泰文中的ยำ [yum] 就是涼拌吧？這道配方中的ทะเล [talay] 代表海或是海鮮的意思，直白的翻譯就是涼拌海鮮之意。燙熟的海鮮迅速淋上醬汁並與新鮮蔬菜拌在一起，一樣屬於低卡路里又健康的溫沙拉，記得趁保有餘溫時上桌。

材料．4人份

醬汁

小紅辣椒 — 1支
大紅辣椒 — 1支
大蒜 — 4瓣
香菜根 — 2根
椰糖 — 1大匙，可用1/2茶匙的黃或白砂糖取代
檸檬汁 — 3大匙
魚露 — 3大匙

海鮮與配菜

白木耳 — 15克，泡水20分鐘後撕成一口大小
草蝦 — 4隻，去頭、殼後留尾巴，開背去腸泥
海瓜子 — 8個
透抽 — 1尾，切圈狀
牛番茄 — 1/2顆，切成約0.5公分寬片狀
洋蔥 — 1/3顆，切成約0.5公分寬片狀
芹菜 — 2支，切成約5公分長

作法

1. 製作醬汁。將辣椒、大蒜、香菜根和椰糖放入搗缽，搗至接近泥狀後加入檸檬汁、魚露拌勻。
2. 準備一鍋滾水，將白木耳、草蝦、海瓜子和透抽依序分開燙熟取出，放入適中的大缽內與醬汁拌勻。
3. 加上番茄、洋蔥和芹菜再次拌勻，即可完成盛盤。

★ 這個配方大概是小辣，可以按照自己吃辣的程度調整，配方表上的醬汁同時也可當作海鮮沾醬，各種料理方式的海鮮都可以搭配這個醬汁食用。

ยำทูน่า

涼拌鮪魚沙拉

Tuna Salad

泰式涼拌鮪魚沙拉不僅是道家常菜，更是很棒的下酒開胃菜，此道涼拌菜強調酸、辣、鹹、甜的巧妙平衡，有各種不同的調味組合，由料理的人來決定，這就是泰式料理充滿變化的趣味所在，歡迎在家依照食譜增或減，創造出最合自己口味的調味。

材料．2-3人份

醬汁

大紅辣椒 — 2支，切片
紅蔥頭 — 2大匙，切片
醃蒜汁 — 1大匙，可用醃嫩薑汁取代
椰糖 — 1茶匙，可用1/4茶匙的黃或白砂糖取代
魚露 — 2茶匙
檸檬汁 — 1大匙

其他材料

水煮鮪魚 — 1罐，約170克，將油水濾掉
醃漬蒜頭 — 5-10瓣，約30克，切對半，可用醃漬嫩薑取代
薄荷葉 — 12片，可用芹菜或香菜取代

作法

1. 製作醬汁，將辣椒末、紅蔥頭片、醃蒜汁、椰糖、魚露、檸檬汁攪拌混合均勻。
2. 把醬汁、鮪魚、醃漬蒜頭、薄荷葉拌勻，稍微調味一下後盛盤上桌。

TRADE MARK REG.
Hale's
Blue Boy Brand
SALA Flavoured Syrup

กุ้งแช่น้ำปลา
生蝦浸魚露沙拉
Raw shrimp in spicy fish sauce

原文中的กุ้ง [gong] 是蝦，แช่ [che] 爲浸，น้ำปลา [nom bra] 則是魚露。這道菜利用魚露與檸檬汁提升海鮮的鮮甜，生蒜和新鮮辣椒則可殺菌及添加嗆辣風味。在泰國常用的是香蕉蝦，或稱黃金蝦（banana prawn），台灣的話可用藍蝦、白蝦或牡丹蝦品種來取代，記得要買可以生吃的新鮮蝦子喔！

材料．2-4人份

鮮蝦 — 10隻（約450克），去頭、殼後留尾巴，開背去腸泥後用冰水清洗兩次，再泡在冰水裡使蝦肉更緊實
蒜頭 — 5瓣，切末
小紅辣椒 — 2支，切末
大紅辣椒 — 1支，切片
檸檬汁 — 3大匙
魚露 — 3大匙

配菜

高麗菜 — 1/4顆，約80克，切絲
綠苦瓜 — 80克，刮除囊與籽後切薄片，不敢生吃、怕苦的話可先燙過
薄荷葉 — 10片

作法

1. 混合蒜末、辣椒末、檸檬汁和魚露，拌匀成醬汁。
2. 先將高麗菜絲鋪底，再依序擺上綠苦瓜片與鮮蝦，舀步驟1中的蒜、辣椒末在蝦肉上，最後再淋上步驟1的醬汁，上桌前以薄荷葉點綴即完成。

★ 泰式涼拌通常都會有配菜，享用時請配著高麗菜絲和綠苦瓜片一起吃，這是在泰國當地最常搭配此道料理的經典配菜。

ยำหอยนางรม

涼拌
酸辣生蠔

Spicy oyster salad

泰文裡หอยนางรม [hoi nang rom]是牡蠣、生蠔之意。此涼拌方式是將香料與醬汁淋上海鮮，卻不會掩蓋生蠔的味道，反而提升其鮮味。記得小時候第一次嘗試時就愛上這種調味，原本不敢嘗試生食的我，竟一口接一口吃下去，直到被大人阻止才停下來，因此印象非常深刻。推薦此道料理給喜愛生鮮的朋友。

材料・2-4人份

醬汁

泰式辣椒醬 — 2大匙
檸檬汁 — 3大匙
魚露 — 2大匙
蒜末 — 2大匙
紅蔥頭 — 3大匙，切片
大紅辣椒 — 1支，切末
小紅辣椒 — 1支，切末

蒜酥與紅蔥頭酥

熱炒油 — 4大匙
大蒜 — 1/4杯，切片
紅蔥頭 — 1/4杯，切片

其他材料

新鮮生蠔 — 300克
薄荷葉 — 1/4杯

作法

1. 製作醬汁。混合泰式辣椒醬、檸檬汁、魚露、蒜末、紅蔥頭片和辣椒末。
2. 製作蒜酥與紅蔥酥。小火熱鍋下2大匙的油，把紅蔥片煎至發出微微焦香，顏色呈金黃色後瀝油取出備用。再次以小火熱鍋並下2大匙的油，把蒜片煎至發出微微焦香，顏色呈金黃色後瀝油取出備用。
3. 將生蠔挖開後稍微清洗一下，每顆生蠔都各留下一片殼當作盛盤，然後每顆都淋上1茶匙醬汁，再撒上蒜酥、紅蔥頭酥和薄荷葉即完成。

★ 喜愛吃辣的人可把此道菜調整成中辣。亦可加入切成薄片的香茅拌著醬料享用。

Chapter 2

熱炒類

ผัด

stir-fry

แกงโฮ๊ะ

泰北
梅花肉后咖哩

Ho pork curry in northern style

這是道源自泰國北部蘭納(Lan Na)地區的菜色，書裡的食譜混合了當地和台灣常見的食材。原文中แกง [geang]指的是濃厚的湯，不過在泰國以外的地區，大都譯成咖哩，โฮ๊ะ [ho]爲北方語裡的什錦，意思是把各類隔夜咖哩與蔬菜料理成一道菜餚，演變至今常用夯勒(hangle)咖哩和梅花肉炒冬粉作爲主要材料。北方菜的特色是口感要多樣化才美味，不論是隔夜菜或家人喜好的青菜，都可以隨意的組合。

材料．4人份

夯勒咖哩辣醬

香茅 — 2根
大乾辣椒 — 3大匙，切成約1公分長後泡水約20分鐘，擰乾備用
鹽 — 1/2茶匙
南薑末 — 1大匙
蒜末 — 1大匙
紅蔥頭末 — 2大匙
蝦醬 — 1/2茶匙

其他材料

熱炒油 — 2大匙
梅花豬肉 — 200克，切成約1公分大小厚片
酸筍片 — 半杯，可用雲筍片代替
豇豆 — 1支，切成約5公分長段
茄子 — 半杯，切片，可用泰國小圓茄取代
龍鬚菜 — 1杯，取嫩的莖、葉切成約5公分長段
冬粉 — 1捲，泡水約20分鐘後對半橫切
水 — 50毫升
咖哩粉 — 1/2茶匙
魚露 — 2茶匙
檸檬葉 — 5片，對半撕掉中間的粗莖
蔥 — 1支，切成約5公分長段
大紅辣椒 — 1支，切斜片

作法

1. 製作夯勒咖哩辣醬。先將香茅剝掉外圈厚皮後切薄片。使用靠近根部白色嫩莖的部分就好，中段以上的綠色部分，因為纖維太粗沒辦法吃。
2. 將泡水後的乾辣椒加鹽放入缽中搗到接近泥狀，加入香茅、南薑搗成碎屑再加入蒜頭、紅蔥頭搗成接近泥狀，最後拌入蝦醬搗勻，取出備用。
3. 以中大火熱鍋下油，把梅花豬肉炒至出油後加入夯勒咖哩辣醬炒香。
4. 接著加入酸筍片、豇豆拌炒半熟後加入茄子、龍鬚菜。
5. 炒至半熟加入冬粉炒開，再加入水拌炒均勻。
6. 撒上咖哩粉、魚露、檸檬葉炒開後加入蔥、辣椒，再拌勻一次關火，即可完成。

★ 泰國當地常用小圓茄入菜，不過，在台灣因不方便取得所以改用本地的長茄，龍鬚菜則是代替鳳鬚菜（紅瓜的嫩莖葉），找不到夯勒粉的時候則用咖哩粉取代。

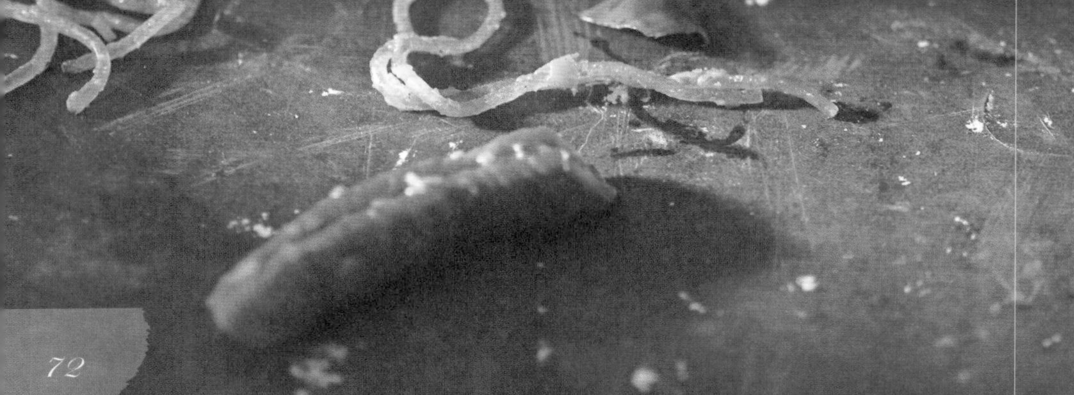

ผัดกะเพาไก่

打拋雞肉末

Stir fried chicken with holy basil

泰文中的กะเพา [ga pao]，不論念成打拋或甲拋都是音譯的名字，和台灣的九層塔同屬於羅勒類。九層塔（basil）與打拋葉（holy basil，或稱聖羅勒）的差別在於打拋葉帶有更濃郁的辛香味，且料理起來沒有甜味。打拋葉在台灣不易購買，可用九層塔代替，若想完整重現道地的泰國味，可利用市面上的打拋醬，再搭配新鮮香料以提升風味。

打拋類料理在泰國常以單盤（one dish）套餐方式來呈現，盛碗白飯在盤中，配上荷包蛋與黃瓜切片，就是快速、簡單又幸福飽足的一餐。

材料．4人份

大蒜——3瓣
大紅辣椒——2支
小紅辣椒——1支
紅蔥頭——5顆
泰式淡醬油——1大匙
蠔油——1/2大匙
魚露——1/2大匙
甜醬油——1茶匙
熱炒油——2大匙
打拋醬——1大匙
雞胸肉——400克，切末
九層塔——1杯

作法

1. 將大蒜、辣椒、紅蔥頭倒入搗缽中搗碎，或全部切成末也可以。
2. 準備醬汁，把淡醬油、蠔油、魚露與甜醬油拌勻備用。
3. 熱鍋後下點熱炒油，把步驟1的材料炒香後，加入打拋醬與雞肉，將雞肉末炒到半熟後加入步驟2的醬汁。
4. 等雞肉煮至八、九分熟之後放入九層塔，雞肉炒熟後就可熄火準備上桌。

★ 各家的打拋醬辣度都不太一樣，可以先試過之後再微調辣椒的量。有些食譜會配上煎蛋，有解辣的效果。

★ 肉末可換成豬肉、牛肉甚至海鮮都很適合，也可加入一點蔬菜，像是切丁豇豆或切片蘑菇。

★ 此食譜用了泰式淡醬油、蠔油、魚露、甜醬油四種鹹味醬料來調味，可任選其中三種醬料調味即可，只要鹹度夠，美味依然不減。

★ 如果買到新鮮的打拋葉，就不需要添加九層塔和打拋醬。

ข้าวผัด

番茄豬肉蛋炒飯

Pork fried rice

這道傳統泰式炒飯曾獲CNN旅遊網站（CNNGo-Travel http://travel.cnn.com/）票選爲全球50大美食之一。將茉莉香米炒至淡黃色後混入家裡容易取得的食材，吃的時候擠上點檸檬汁提鮮解膩，搭配爽口的黃瓜和微微辛辣的青蔥，帶出清爽的滋味和口感，一定可以改變許多人對泰國菜的既定印象。此道以基本家庭口味呈現，只要抓住泰式炒飯的風味，就可依照自己喜好試試其他變化。

材料 · 2-3人份

魚露辣椒沾醬

小紅辣椒 — 1支，切末
魚露 — 1大匙

炒飯材料

熱炒油 — 2大匙
蒜末 — 2茶匙
洋蔥丁 — 4大匙，可省略
豬肉末 — 150克
雞蛋 — 2顆
番茄 — 100克，切丁，
　只要偏酸的番茄都可以
熱茉莉香米 — 1杯，
　請參考P32茉莉香米的煮米方法
泰式淡醬油 — 1大匙
蠔油 — 1大匙
白胡椒 — 1/4茶匙
蔥 — 1支，切末

配菜（可換成自己喜歡的食材或分量）

蔥 — 2支，去頭尾
小黃瓜 — 2根，切片，去不去皮皆可
檸檬 — 半顆，切角塊

作法

1. 製作魚露辣椒沾醬。將魚露和辣椒末混勻放在碟子內備用。
2. 以大火熱鍋下油，將蒜末和洋蔥丁爆香後加入肉末炒至半熟。
3. 鍋底挪出位置，打蛋下去並炒到半熟，加入番茄後將鍋內所有材料一起炒勻。
4. 加入香米、泰式淡醬油和蠔油一起拌炒，把米炒開並且均勻上色即可關火，撒上胡椒粉和蔥末再拌過一次即完成。
5. 盛盤時搭配青蔥、小黃瓜片、檸檬角和魚露辣椒沾醬。

★ 魚露辣椒沾醬是特別準備給想增加鹹味和喜歡吃辣的人，每次淋個幾滴於炒飯上，同時也可依喜好擠點檸檬汁提鮮去膩。

ข้าวผัดกะปิ
蝦醬炒飯
Shrimp paste fried Rice

喜愛蝦醬的朋友一定不可錯過！這道料理作法很簡單，雞蛋可與米飯拌炒或做成蛋絲，辣椒末和紅蔥片滿足了喜愛辛香料的味蕾，清香的檸檬和青芒果組合則讓人不會膩口，這些豐富的配料巧妙地引出蝦醬炒飯誘人的鹹香和清甜風味。不同的季節，青芒果可換成當季偏酸帶甜的水果，創造屬於不同時令的風味蝦醬炒飯。

材料・2-3人份

甜醬五花肉

熱炒油 — 1大匙
豬五花肉 — 100克，切成約0.5公分厚片狀
紅蔥頭 — 1大匙，切片
椰糖 — 1茶匙，可用1/4茶匙砂糖取代
甜醬油 — 1茶匙
魚露 — 1茶匙

其他材料

蝦醬 — 2茶匙
水 — 2大匙
熟茉莉香米 — 1又1/2杯，
　請參考P32茉莉香米的煮米方法
熱炒油 — 3大匙
蝦米 — 2大匙
雞蛋 — 1顆
魚露 — 1/2茶匙
蒜末 — 1大匙
紅蔥頭 — 2大匙，切片

配菜

小紅辣椒 — 1支，切末
檸檬角 — 2-4片
青芒果 — 適量，切絲，可不加或換成當季酸甜的水果
小黃瓜 — 1根，切片

作法

1 製作甜醬五花肉片。以中小火熱鍋下油，將肉片煎出油脂後拌入紅蔥頭，炒至金黃並帶出香味後加入椰糖、甜醬油、魚露拌炒，椰糖完全融化並收汁上色後熄火取出備用。

2 將蝦醬與水混勻，倒入香米混勻備用。

3 以中火熱鍋下油，把蝦米煎至酥脆（約兩分鐘）後取出備用。

4 把蛋和魚露攪拌均勻，以大火熱鍋再下2大匙油，把蛋炒開成小塊狀後取出備用。

5 倒入蒜末用剩下的油大火爆香，加入混合好的蝦醬香米拌炒至水分稍乾，呈顆粒分明狀後繼續炒約3-5分鐘，關火前加入紅蔥頭拌勻即完成。

6 呈盤時將炒蛋、辣椒末、檸檬角、青芒果絲、小黃瓜、甜醬五花肉片和蝦米酥圍繞在蝦醬炒飯旁。

★ 吃的時候可將所有食材混合一起，或分項 享用。

ผัดซีอิ๊วไก่

黑醬油
炒雞肉粿條

Stir-fried rice noodles with soy sauce and chicken

這是一道融合華人飲食文化的泰式菜餚，作法簡單容易上手，雞肉也可自由換成牛、豬或海鮮。菜名中的ผัด [pad]是炒，ซีอิ๊ว [see ew]則是醬油的意思，其中黑醬油、粿條和芥藍菜是缺一不可的三元素。享用前可依個人喜好擠點檸檬汁去油解膩，再撒上泰式辣椒粉調整辣味。

材料 · 2人份

粿條 — 400克
熱炒油 — 3大匙
蒜末 — 1大匙
雞胸肉 — 200克，切片
芥藍 — 200克，梗和葉子分開後切成約5公分長段
雞蛋 — 2顆
黑醬油 — 2大匙
蠔油 — 1大匙
魚露 — 2大匙
白胡椒粉 — 1/4茶匙
檸檬角 — 適量
泰式辣椒粉 — 適量

作法

1. 先將整片粿條取出後反摺，再切成2公分寬的條狀，這個動作可以避免炒的時候粿條黏在一起。建議買整片的粿條，比已製成條狀的更薄，比較接近泰式粿條。
2. 以大火熱鍋下油，將蒜末爆香後加入雞肉片炒至半熟。
3. 先把芥藍菜梗入鍋炒勻，稍微把材料挪到炒鍋旁邊，打蛋入鍋並炒至八分熟。
4. 此時加入粿條、芥藍菜葉一起拌炒，並以黑醬油、蠔油、魚露調味。
5. 起鍋前撒上白胡椒粉拌勻後熄火，盛盤時附上檸檬角和泰式辣椒粉，依個人喜好調味。

ตราเด็กสมบูรณ์
ซีอิ๊วดำ สูตร 1
BLACK SOY SAUCE FORMULA 1

สุกี้แห้ง

泰式壽喜燒醬乾炒雞肉冬粉

Thai stir-fried sukiyaki with chicken and cellophane noodle

二次大戰時泰國和日本結盟，因而出現了這道融合當地飲食文化和日式壽喜燒（sukiyaki）的料理，這種新的詮釋手法在當地叫作「suki」。跟大家熟悉的壽喜燒不同的是，泰式作法維持了甜和鹹的部分，再增加了酸、辣與泰式香氣，許多遊客吃了還以為是傳統泰國菜。

我會說這是道融合壽喜燒風味的泰國菜，常見的有乾炒和煮湯兩種作法，這篇先介紹乾炒的「suki」，湯的作法請參考P174的泰式壽喜燒醬湯肉片冬粉。

材料・4人份

泰式壽喜燒醬

小紅辣椒 — 5支
大蒜 — 5瓣
香菜根 — 1根
泰式甜辣醬 — 200毫升
水 — 50毫升
魚露 — 3大匙
蠔油 — 1大匙
麻油 — 1大匙
鹽 — 1/4茶匙
檸檬汁 — 2大匙
白芝麻 — 1大匙

乾炒雞肉冬粉

熱炒油 — 3大匙
雞胸肉 — 200克，切片
泰式壽喜燒醬 — 5大匙
雞蛋 — 2顆
大白菜 — 4片，每片切成4段
冬粉 — 2捲（約100克），泡水20分鐘後對切
香菜 — 2株，切成約5公分長
芹菜 — 2支，切成約5公分長
蔥 — 2支，切成約5公分長
空心菜 — 6支，切成約5公分長
白胡椒粉 — 少許

作法

泰式壽喜燒醬

1 將小紅辣椒、大蒜、香菜根切成末後搗出汁來，或用調理機打成顆粒狀。
2 把除了白芝麻以外的材料和步驟1材料一同入鍋，煮到微滾後放入白芝麻，再以小火燉煮約三分鐘即可。

乾炒雞肉冬粉

1 以中火熱鍋下油，加入雞肉和壽喜燒醬炒香後，把蛋打進去炒勻。
2 先下大白菜帶厚莖的部分，炒過後再放入冬粉繼續拌炒。最後依序加入所有的蔬菜，炒熟後撒白胡椒粉調味。
3 裝盤時額外附上一小碗沾醬，可依喜好搭配沾醬品嘗。

★ 泰式壽喜燒醬同時也是泰式的火鍋沾醬，拿來當作火鍋沾醬時，建議再撒上少許的辣椒末、蒜末和香菜提味。

น้ำปลาแท้
ตรา
ทิพรส

ผัดไทย

泰式炒河粉

Pad Thai

菜名中的ผัด [pad]是炒，ไทย [thai]除了翻譯成泰國也是自由之意，所以還有自由創意的含義在內。不過這道泰國的國菜已經有名到不需特別去翻譯或解釋了。調味的靈魂是由紅蔥油、魚露、椰糖和羅望子汁組成的炒河粉醬，目前市面上有不少炒河粉醬品牌可選擇，家裡若常備醬料的話，隨時都可來上一盤。

我想呈現給大家簡單又快速的泰式炒河粉，就像在泰國當地隨處都可以吃到的一樣。

材料・2人份

熱炒油 — 3大匙
草蝦 — 6支，剪鬚、開背，去腸泥
原味豆干 — 2片，切成約1公分寬丁狀
蘿蔔乾 — 2大匙，
　沖水清洗3次後泡水15分鐘，瀝乾備用
蛋 — 2顆
河粉 — 90克，泡溫水20分鐘後瀝乾
泰式炒河粉醬 — 3大匙
（可購買現成的或依本書食譜自己製作）
魚露 — 1大匙
泰式乾辣椒粉 — 2茶匙
原味乾花生 — 1/2杯，去皮後搗成顆粒狀
韭菜 — 4支，取綠葉部分切成約5公分長段
豆芽菜 — 1杯

炒河粉醬（材料3-4人份）

熱炒油 — 2大匙
紅蔥頭 — 7顆，切末
椰糖 — 50克
羅望子汁 — 3大匙，
　混合1又1/2大匙的羅望子果肉
　與4大匙的水，挑掉厚皮和種子後
　取出約3大匙的湯汁
魚露 — 50毫升

生鮮配菜（請每盤搭配一組）

韭菜 — 2支
豆芽菜 — 1/2杯
原味乾花生 — 1大匙，去皮後搗成顆粒狀
泰式乾辣椒粉 — 1/2茶匙
檸檬角 — 1片

作法

1 自製炒河粉醬。以小火熱鍋下油，加入紅蔥頭炒至金黃變色後，加入椰糖、羅望子汁和魚露一起熬煮至醬汁濃稠，關火即完成。
2 以中火熱鍋下油，把蝦子煎到半熟後取出。接著加入豆干和蘿蔔乾炒到帶有微微的焦香後，打蛋進去，把蛋拌炒至八、九分熟。
3 加入泡過水的河粉，然後淋上泰式炒河粉醬和魚露炒勻，接著把蝦子放回去炒熟。
4 試吃看看，如果河粉不夠軟、還沒熟透的話，就加1到2大匙的水炒到軟爲止。
5 最後一個步驟，把乾辣椒粉、花生、韭菜和豆芽菜下鍋，稍微拌過後即可熄火。

★ 盛盤時擺上剩餘的韭菜與豆芽菜當作配菜，可以額外提供乾辣椒粉、碎花生與檸檬角，讓家人或朋友在吃的時候可以自己調整口味。
★ 配方中的草蝦可換成豬肉末或雞肉片，河粉也可換成冬粉或粿條。

หอยลายผัดน้ำพริกเผา

辣椒醬 炒海瓜子

Pan-friend clam with chili sauce

這是道極具特色的泰式熱炒，重點在於其中的泰式辣椒醬。此醬的作法是將烤過的乾辣椒、紅蔥頭、大蒜，加上椰糖和鹽炒後油封裝瓶，呈現鹹中帶甜不帶辣的風味。其用途廣泛，常當作薯片、水果、肉類的沾醬，也適合與各類海鮮和肉類拌炒。除此之外，大家熟知的泰式酸辣湯中也會添加此醬，所以喜愛泰國料理的人，廚房裡絕對不能缺少一瓶泰式辣椒醬，現在幾乎各大超市都有賣，好好利用它來增加食物的美味吧！

材料．4人份

熱炒油 — 2大匙
蒜末 — 1大匙
小辣椒末 — 1大匙
泰式辣椒醬 — 2大匙
蠔油 — 1大匙
海瓜子 — 500克，
　泡在清水內約30-60分鐘，
　吐沙完後濾乾備用，
　可用蛤蜊或其他貝類取代。
魚露 — 1大匙
九層塔 — 1杯

作法

1. 以大火熱鍋下油，爆香蒜末與辣椒末後，加入泰式辣椒醬與蠔油炒勻。
2. 倒入海瓜子與醬汁拌勻，等海瓜子都開了之後加入魚露調味，最後撒上九層塔葉再翻炒一下，就可準備盛盤了。

วิธีใช้: ใส่ต้มยำ,
ผัดหอยลาย, คลุกข้าว,
ผัดปู, จิ้มผักสด,
ประเภทยำต่าง ๆ,
จิ้มข้าวเกรียบ,
จิ้มแคบหมู NO COLOR
NO MSG., NO
THAILAND NO

ผัดเผ็ดปลาหมึก

辣炒透抽紅咖哩

Spicy red squid curry

紅咖哩辣醬百變的樣貌，堪稱泰式咖哩辣醬之母，除了可以炒、燉、煮之外，亦可與其他香料結合，變化成新的菜餚，例如夯勒咖哩和帕捻咖哩就是常見的例子。泰式的炒法有一特色，就是不會單單只有肉類或蔬菜作爲主食，所以料理的時候可以發揮創意，想想看哪種蔬菜和肉類（海鮮）的組合最對味。

材料・4人份

熱炒油 — 2大匙
紅咖哩辣醬 — 1大匙
玉米筍 — 150g，對半斜切
透抽 — 1支，約300g，切成1公分寬圈狀
水 — 60毫升
魚露 — 1大匙
白砂糖或黃砂糖 — 1/2茶匙
大紅辣椒 — 1支，切片
九層塔 — 8片
檸檬葉 — 3片，對半撕掉中間的粗莖

作法

1 以大火熱鍋下油，加入紅咖哩醬炒開後放入玉米筍拌炒。

2 入透抽炒約五分熟接著加入水、魚露、糖、辣椒片一起炒勻，透抽快全熟前放入九層塔、檸檬葉，再拌炒一次後關火盛盤。

★ 此道是大火快炒、五分鐘內完成的料理，須先把所有材料備齊。

★ 玉米筍可換成蘆筍、蘑菇或豇豆，請依照自己的喜好變換蔬菜或肉類。

ปูผัดผงกะหรี่

咖哩炒蟹

Stir-fried crab curry

大部分的泰式高級餐廳皆可看到這道菜，也有許多的美食評論家將它列爲此生必嘗的泰式美食之一。每到過年除夕夜時，媽媽一定會端出這道料理，濃郁的咖哩香搭配鮮甜蟹肉，讓人吮指回味無窮，是我記憶裡無法忘懷的味道。

材料・4人份

花蟹 — 500克
蒜末 — 1大匙
洋蔥 — 1/2顆，切成約1公分片狀
芹菜 — 2支，切成約5公分長
大紅辣椒 — 1支，切斜片
蔥 — 2支，切成約5公分長
熱炒油 — 2大匙

調味蛋汁

雞蛋 — 2顆
泰式辣椒醬 — 1大匙，可用蠔油代替
白胡椒粉 — 1/4茶匙
奶水 — 50毫升，可用鮮奶或椰奶代替
泰式淡醬油 — 1茶匙
咖哩粉 — 半茶匙

醬汁

泰式辣椒醬 — 1/2大匙，可用蠔油取代
咖哩粉 — 2茶匙
泰式淡醬油 — 2茶匙
水 — 100毫升
奶水 — 50毫升，可用鮮奶或椰奶取代

作法

1. 將花蟹剝臍、掀蓋、除肺，洗淨後剁成塊狀備用。
2. 製作調味蛋汁，混合所有材料後拌勻。
3. 製作醬汁。準備兩個碗，先將泰式辣椒醬、咖哩粉、泰式淡醬油在第一個碗攪拌均勻，第二個碗內混合水和奶水備用。
4. 以大火熱鍋下油把蒜爆香，加入洋蔥後炒稍微炒軟。接著放入蟹塊炒至三分熟，蟹殼會變色。加入步驟3帶辣椒醬的那份醬汁，炒勻後再加入帶奶水的醬汁，蓋鍋悶煮約2分鐘。
5. 開蓋後加入調味蛋汁，先簡單拌開即可，等蛋汁稍微成型後再開始拌炒。最後放入芹菜、辣椒片和蔥炒至半熟後即可熄火盛盤。

★ 在泰國常用花蟹做這道菜，找不到的話可選用台灣當令盛產的海蟹、石蟹、沙公或三點蟹等等。

★ 如果用蠔油代替泰式辣椒醬，基本上鹹度是夠的，所以可不加泰式淡醬油2茶匙，建議在開蓋嘗鹹度時再次調整。記得，調味蛋汁裡也有鹽分，請稍微注意鹹度的平衡。

ผักบุ้งไฟแดง

豆瓣醬炒空心菜

Stir-fried morning glory spinach with soybean paste

泰文裡ผักบุ้ง [phak bung] 是空心菜，ไฟ [fai] 是火，แดง [deang] 則是紅之意，合起來就是是大火快炒的空心菜。這道菜無論在餐廳、大街小巷或宵夜時段的清粥小菜攤都很普遍。有些地方作法只取菜梗快炒，有些則是表演噱頭似的，將炒好的空心菜拋向空中，由服務生拿盤子接到後直接上菜，叫做「飛天空心」。無論何種作法，豆瓣醬都是泰國慣用作爲炒菜的醬料，而非台灣熟悉的用蝦醬炒空心菜，在此推薦深受泰國人喜愛的豆瓣醬炒空心菜。

材料．4人份

熱炒油 — 1大匙
蒜末 — 1大匙
泰式豆瓣醬 — 1/2大匙
蠔油 — 1/2大匙
空心菜 — 250克，切成約5公分長段
大紅辣椒 — 1支，切末
水 — 2大匙
泰式淡醬油 — 1茶匙

作法

1 以大火熱鍋下油，爆香蒜末後加入泰式豆瓣醬、蠔油炒香。
2 放入空心菜、辣椒末拌炒，接著倒入水、泰式淡醬油再次拌炒均勻即可起鍋盛盤。

★ 泰式豆瓣醬適合拿來炒任何蔬菜，可發揮創意試試看與其他蔬菜的組合。

กะปิผัดผักรวม

蝦醬炒什蔬

Stir-fried mixed vegetables with shrimp paste

在台灣盛行蝦醬炒空心菜，泰國則時興拿蝦醬來拌炒肉類及海鮮，或味道比較重的蔬菜，例如臭豆（巴克豆，Buah Petai）炒肉片就是其中一道名菜。

蝦醬 กะปิ [ga bi] 是個令人玩味的醬料，臭與香彷彿只有一線之隔。其獨特的濃厚氣味，在經過熱油拌炒或加入其他辛香料後，幾乎改變了原本的氣味，轉化成海洋的香氣。無論蝦醬與哪種食材結合，都能與其共鳴出美味的料理，只要抓住基本的作法和調味，很快地就可創造出屬於自己的蝦醬菜色。

材料．4人份

爆香料

蒜頭—3瓣
紅蔥頭—5顆
大紅辣椒—2支，切成約1公分長
鹽—1/4茶匙
蝦醬—1茶匙

其他材料

熱炒油—2大匙
豇豆—100克，斜切約5公分長段
高麗菜—80克，切成一口大小片狀
綠苦瓜—100克，刮除囊與籽後切薄片
蘑菇—80克，切片
水—50毫升
魚露—1大匙

作法

1. 製作爆香料。將蒜、紅蔥頭、辣椒和鹽放入搗缽中搗碎，不需搗成泥狀。加入蝦醬搗勻後取出備用。
2. 以中大火熱鍋下油，將爆香料炒香加入豇豆、高麗菜炒勻，再加入苦瓜、蘑菇拌炒均勻。
3. 加入水和魚露拌炒至蔬菜熟了即可關火盛盤。

★ 如果想做有肉的蝦醬炒時蔬，記得選擇其他的蔬菜一起搭配，泰式料理中的火炒類菜色不會單單只有肉喔！

Chapter 3

蒸、烤、炸類

นึ่งและอบ
ย่าง
ทอด

steam
bake
deep-fry

120尾
100尾
110

ปลากะพงนึ่งมะนาว

清蒸 檸檬鱸魚

Steamed sea bass with lemon, chili and garlic sauce

泰國餐廳菜單上時常出現的一道菜餚，看似複雜的料理手法，其實簡單到令人不敢置信，用魚露和檸檬做成傳統的泰式醬汁口味，加上新鮮的蒜頭與辣椒帶出香氣，只有食材夠新鮮，立刻可呈現出記憶中清蒸檸檬鱸魚的美味，要做得不好吃都難。

辨識魚是否新鮮很簡單，重點在於魚眼的清澈度，越新鮮眼睛看起來越是清澈，反之若魚眼呈白濁狀，千萬不要買。

材料．4人份

鱸魚 — 1尾，魚身雙面各劃三至四刀洗淨擦乾，方便熟透和入味
香菜根 — 2株，切末
大蒜 — 6瓣，切末
大紅辣椒 — 4支，切末
魚露 — 3大匙
檸檬汁 — 3大匙

作法

1. 準備一個可以放得下魚的蒸籠或蒸鍋，把水燒滾。
2. 把處理好的鱸魚放進去蒸約10分鐘。實際蒸的時間要依魚肉大小調整。
3. 混合香菜根、蒜末、辣椒末、魚露和檸檬製成淋醬。若魚比較大尾的話，魚露和檸檬汁可以用1：1等量增加，其他香料也可以自由調整分量。
4. 魚肉蒸熟後取出，淋上醬汁即完成！

สาคูไส้หมู
西谷米
豬肉丸子
Sago meatball

西谷米除了煮成西米露甜湯之外，還可以拿來做點心的外皮，充滿顆粒的口感與甜鹹交錯的滋味令人難以抗拒。我小時候總在放學路上帶一份回家，當作下午茶享用。而每當有朋友到泰國旅遊時，也提醒他們記得嘗試這道不能錯過的點心。雖然百貨公司裡的美食街也買得到，但不知爲何總覺得少了點風味，還是傳統街邊小攤那種讓人微笑的人情味，使這個小點吃起來特別的美味。

這道食譜材料較多，程序上也稍微複雜些。不過就像包水餃一樣，與你的家人和朋友一起幫忙準備也是料理中的小樂趣，快與親友一起動手嘗試吧。

材料．約25-30粒

外皮

西谷米 — 400克

熱水 — 250毫升

內餡

大蒜 — 2顆

香菜根 — 1支，取根到莖約5公分

白胡椒粒 — 5粒

熱炒油 — 3大匙

豬肉末 — 100克

蘿蔔乾 — 70克，
　沖水清洗3次後泡水15分鐘，瀝乾備用

紅蔥頭末 — 4大匙

椰糖 — 50克，搗碎

魚露 — 1大匙

原味乾花生 — 100克，去皮後磨碎

其他

熱炒油 — 4大匙

蒜末 — 3大匙
　混合油和蒜末，用小火炒至金黃、酥脆後，
　再把油瀝掉，變成蒜油跟蒜酥

配菜

廣東A菜 — 適量，生菜搭配

小乾辣椒 — 8支，
　用油煎出香味並讓辣椒變得酥脆

香菜 適量

作法

1 製作內餡。把香菜根、白胡椒粒和大蒜在搗缽內搗碎。另備一支炒鍋，以中火熱鍋下油，把剛剛的材料加進去炒到香氣出來，加入豬肉末後炒到八分熟。接著放入蘿蔔乾與紅蔥頭末，炒香後把火轉小。繼續加入椰糖和魚露，炒到所有的材料都收乾後，最後加入乾花生拌勻。

2 等內餡涼了之後，揉成直徑2公分的圓團備用。

3 製作外皮，將西谷米放在一個大缽內，一邊慢慢的倒熱水，一邊持續地攪拌，拌到開始有黏性、可以塑形即可，盡量保留西谷米的顆粒。揉成直徑約3.5公分的圓團備用。

4 手上沾一些水以免沾黏，把步驟3的西谷米團壓扁後，填入內餡包起來揉成球狀，如果外皮有缺口，就再補一些西谷米皮。

5 準備一鍋滾沸的水放上蒸籠，底層鋪一塊布以免沾黏，把西谷米球平均地擺上去，並保留2公分的間距，以免加熱後膨脹、黏在一起。

6 蒸約10分鐘，或是熟了以後取出，在外層滾上一層蒜油，盛盤時用蒜酥與配菜點綴一下就完成囉！

★ 豬肉末可換成蝦肉，花生也可換成其他堅果，例如腰果等。

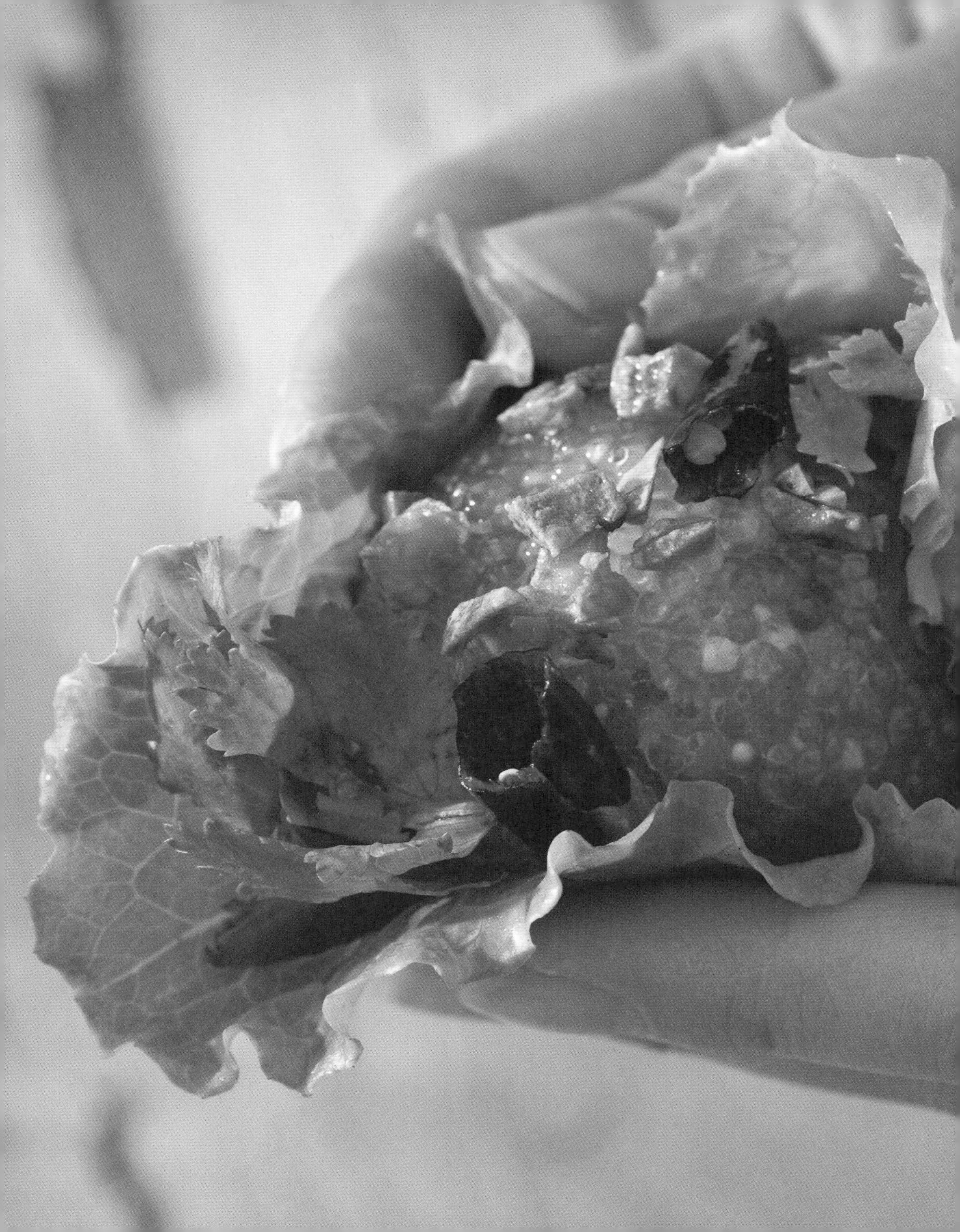

หอยแมลงภู่อบใบโหระพา

香茅九層塔燜淡菜

Mussels simmered in lemongrass and basil

在泰國，淡菜是受到許多人喜愛的貝類，和孔雀蛤在口味與外型上都極爲相似，所以兩者都很適合做成泰國ยำ [yum]（涼拌）和ลาบ [lab]（烤）的料理。在此介紹簡單卻香氣四溢的作法，將九層塔和香茅鋪在新鮮的貝類上，用少量的水把貝類煮熟，繼續用乾鍋悶烤出焦香味，搭配海鮮沾醬輕鬆上桌。

材料・4人份

淡菜—800克，約20-25顆，
清洗外殼並把鬚拔掉
九層塔—約9株，留一些裝飾用
香茅—3支，去掉外圈厚皮後，
取根部以上切成3段，每段約5公分，
用刀子拍裂備用。
可用4大匙的乾燥香茅取代
水—100毫升

海鮮沾醬

大紅辣椒—2支，切成約公分長
小紅辣椒—2支，切成約1公分長
大蒜—7瓣
香菜根—2株，取根到莖約5公分
椰糖—2茶匙，搗碎後比較好量，
可用1茶匙的黃砂糖或白砂糖取代
魚露—2大匙
檸檬汁—3大匙
水—2大匙

作法

1. 準備一個蒸鍋（拿掉蒸架），或用夠深的大平底鍋以便熱氣循環。將清洗好的淡菜平鋪於鍋底，上面擺上九層塔和香茅後加水進盤子裡，蓋鍋後直接開火，用大火悶煮約10分鐘，煮到水都收乾了並開始冒煙即可。建議用比較厚重的鍋子來做。
2. 製作海鮮沾醬，將辣椒、大蒜、香菜根、椰糖放入缽中搗接近泥狀，稍微保留一點碎屑，接著拌入魚露、檸檬汁和水混合均勻。
3. 淡菜悶好後取出，用多的新鮮九層塔擺飾，並搭配海鮮沾醬一起享用。

★ 此沾醬與烤花枝的海鮮沾醬，相較之下味道偏淡，但因香料比較多所以較為清香，適合把整個淡菜浸在醬汁裡享用。
建議使用較厚重的鍋子，或加多一點水縮短乾鍋時間，避免鍋子燒壞。

คอหมูย่างจิ้มแจ่ว

伊參烤豬頸肉與羅望子酸醬

Isan style grilled pork neck with tamarind dip

泰國東北地區又名伊參，專做伊參地區料理的餐廳或攤販必定有這道菜餚。烤得香嫩多汁的豬頸肉，配上獨特伊參酸辣沾醬，相信嚐過之後就無法忘懷。泰國的東北菜是我最喜愛的地方料理之一，希望大家可以感受另一種口味的泰國菜。

材料・4人份

香菜根 — 2支，取根到莖約5公分
大蒜 — 5瓣
胡椒粒 — 7粒，可用1茶匙的胡椒粉取代
椰糖 — 1大匙，
　可用1/2茶匙的黃砂糖或白砂糖取代
蠔油 — 2大匙
泰式淡醬油 — 2大匙
豬頸肉 — 400克

沾醬

羅望子汁 — 2大匙，混合1大匙的
　羅望子果肉與3大匙的水，
　挑掉厚皮和種子後取出約2大匙的湯汁
泰式辣椒粉 — 1茶匙
烤糯米末 — 1茶匙
魚露 — 1大匙
椰糖 — 1茶匙，可將椰糖搗碎較好秤量，
　或用1/4茶匙的黃砂糖或白砂糖取代
水 — 2茶匙

作法

1. 將香菜根、大蒜、胡椒粒與椰糖入搗缽搗碎，再加入蠔油、泰式淡醬油和魚露混合攪拌後，均勻地抹在豬肉的每一面上，醃漬至少兩個鐘頭，時間夠的話可以放到六個鐘頭。
2. 用中大火在煎鍋上塗上薄薄的油，將入味後的豬肉煎到雙面上色，或用烤箱以攝氏220度烤到表面微焦呈金黃色。比較快的方法是以中大火微波一分鐘，再放入烤箱以攝氏200度烤約10至15分鐘。
3. 製作沾醬。羅望子汁、水、泰式辣椒粉、乾煎糯米末、椰糖、魚露攪拌混合均勻。
4. 將烤好的豬頸肉，切成薄片排盤，附上沾醬和小黃瓜或和糯米飯一起吃。

★ 烤糯米末為伊參地區料理的特色，許多菜會放這個材料來增加香氣。可以一口氣多做一些，放入保鮮盒內儲存，需要入菜時再以乾煎或火烤讓香氣重現。

最早源自於東北伊參地區，後來這個濃郁迷人的香料味風行至整個泰國，變成在大街小巷的攤販上都可輕易看見的經典菜肴。作法是將雞肉與泰式祕方香料一起醃漬，再以溫火慢烤至熟透，吃的時候通常會搭配蒸糯米和沾醬，若能再加上涼拌木瓜絲就更爲完美了。

香料烤雞腿

Herb roasted chicken leg

材料．4人份

香茅 — 3支，去掉外圈厚皮後，
　取根部以上切成3段，每段約5公分
南薑 — 2片，斜切成約0.5公分厚，
　或以1/2茶匙的南薑粉取代。
蒜頭 — 7瓣
黑糊椒粒 — 1茶匙
香菜根 — 2株，取根到莖約5公分
蠔油 — 1茶匙
泰式淡醬油 — 1大匙
去骨大雞腿肉 — 2片，約600克

作法

1. 將香茅、南薑放入搗缽中搗至成細纖維狀，加入蒜、黑胡椒粒、香菜根再將所有材料搗勻，取出和蠔油、泰式淡醬油混合在一起。
2. 將步驟1的泰式香料，與雞肉混合均勻，醃漬30至90分鐘。
3. 以攝氏180-200度烤約20分鐘，烤好後取出切成2公分寬的大小，搭配剛蒸好的糯米飯和沾醬一起吃。沾醬請參考P112的羅望子酸醬。

ปลาหมึกย่างพร้อมน้ำจิ้ม

香烤花枝與海鮮沾醬

Roasted squid and dip

在泰國海邊最常見的就是烤花枝攤販了，新鮮花枝用甜醬油醃漬後，燒烤成飽滿的焦黃色澤，搭配上泰式海鮮專用沾醬，酸辣清爽的滋味更能彰顯出海鮮的鮮甜。

回想起小時候，不管是蒸、煮、烤、炸的海鮮料理，媽媽總是會準備現做的海鮮沾醬，讓我們搭配著吃。以前總覺得這個組合理所當然，長大後才發覺此沾醬絕對是引出海鮮美味的大功臣，所以一定得向大家介紹這個令人食指大動的完美組合。

材料．2-4人份

花枝——2隻

醃料

甜醬油——1大匙

冰水——4杯

海鮮沾醬

大紅辣椒——2支，切成約1公分長

大蒜——3瓣

香菜根——1株

椰糖——1茶匙，搗碎後比較好量，可用1/4茶匙的砂糖取代

檸檬汁——2大匙

魚露——2大匙

作法

1. 在花枝正面劃三至五刀，小心不要切到背面的肉，以保持花枝的完整，盡量挑肉質緊實的比較新鮮。
2. 混合花枝和甜醬油，均勻抹上去後泡入冰水內，浸泡約30分鐘，確認花枝都有泡在水裡。
3. 製作海鮮沾醬。將辣椒、蒜、香菜根、椰糖放入搗缽中，搗至接近泥狀後加入檸檬汁和魚露，攪拌均勻即完成。
4. 取出醃好的花枝，放入預熱好的烤箱以攝氏180-200度烤約8-10分鐘，或入鍋煎熟。烤好後取出搭配沾醬一起盛盤。

★ 可以省略醃漬，直接吃原味的烤花枝，搭配泰式海鮮沾醬一樣美味。這個配方內的沾醬為小辣，可依照個人喜好調整辣度。

หมูทอด
蒜香炸豬肉
Deep fried garlic pork

這是一道泰國街邊常見的小吃，泰式醬香和皮薄酥脆的口感再加上芝麻的香氣，總是叫人愛不釋手，一口接著一口。在泰國四處旅行時，經常遇到需要趕路的狀況，此時，炸豬肉攤總是會適時出現在眼前。記得，一定要加點一份又香又軟Q的糯米飯，每咬一口都讓人感到滿足，疲勞與飢餓感瞬間消除。

材料．4-6人份

大蒜 — 1/4杯
白胡椒粉 — 1/2茶匙
五花豬肉 — 400克，去皮
泰式淡醬油 — 2大匙
蠔油 — 2大匙
白芝麻 — 2茶匙
中筋麵粉 — 1/2大匙
再來米粉 — 1大匙
炸油 — 1鍋

作法

1 大蒜留皮，放入缽中與白胡椒粉搗碎備用，如果蒜皮太髒的話可以稍微剝掉一些。
2 混合步驟1的材料、豬肉、泰式淡醬油、蠔油與白芝麻，仔細拌勻之後至少醃漬一個小時，可以的話放在冰箱冷藏醃隔夜，味道會更好。
3 混合中筋麵粉與再來米粉，均勻地裹在豬肉上，放入熱好的油鍋內以中火約攝氏180度將表面炸成金黃色。
4 取出後切成一口大小即可盛盤。

★ 若求方便，可用現成的酥炸粉取代中筋麵粉與再來米粉。

ปีกไก่ทอดตะไคร้

酥炸香茅雞翅

Fried chicken wings with lemongrass

泰式的烤物與炸物有其獨特的風味，外表精緻可口且適合作爲開胃下酒菜。做法很簡單，混合香料與醬香後，裹上一層薄粉下鍋油炸，再搭配炸到香酥的檸檬葉及香茅，是難得可兼顧健康與美味的油炸料理。

材料 · 4人份

香茅 — 4支，去掉外圈厚皮後，
　取根以上切成3段，每段約5公分
白胡椒粒 — 1大匙，可用黑胡椒粒取代
雞兩節翅 — 8-10支，
　從關節中間對剖開來，變成兩根小翅
檸檬葉 — 8-10片，
　對半撕掉葉片中間的粗莖
蠔油 — 2大匙
泰式淡醬油 — 2大匙
酥炸粉 — 1又1/2大匙，
　可用中筋麵粉1/2大匙
　加上再來米粉1大匙取代
炸油 — 適量，可蓋過雞翅即可

作法

1. 將香茅和白胡椒粒放入搗缽中，搗至香茅裂成細絲狀。
2. 混合步驟1的材料，與雞翅、檸檬葉、蠔油、泰式淡醬油和酥炸粉拌勻，醃漬約30分鐘。
3. 用中火熱油鍋，以攝氏180度將檸檬葉和香茅絲炸約2分鐘，且顏色變成金黃色後取出瀝油，要小心變焦後會帶出苦味，就無法食用了。
4. 再放入雞翅炸至表皮金黃上色取出瀝油，盛盤時與檸檬葉和香茅絲一起擺盤享用。

ปลาทับทิมลุยสวน
炸紅尼羅魚佐綜合香料醬
Deep-fried red tilapia with herbal sauce

在泰國當地的餐廳菜單裡，幾乎都會有這一道佳餚，菜名中的ปลาทับทิม [pla thobthim]是紅尼羅魚，而ลุยสวน [luy swan]是闖進農園的意思，翻譯後就是紅尼羅魚闖進了農園，身上沾了許多的香料和草藥，多麼有趣又點題的菜名啊！ลุยสวน [luy swn]是一種使用多種草藥和香料的烹飪手法，透過大量的新鮮香草，把好味道和健康融爲一體，是泰國料理的特色。

材料 · 4-6人份

炸油 — 1鍋
紅尼羅魚 — 1尾，魚身雙面各劃三至四刀後洗淨擦乾，以免炸的過程中噴油
檸檬汁 — 3大匙
魚露 — 2大匙
椰糖 — 25克，可用1茶匙的黃砂糖或白砂糖取代
泰式辣椒醬 — 2大匙
切片紅蔥頭 — 4大匙
嫩薑 — 4大匙，切成約0.5公分丁狀
檸檬葉 — 5片，去中心的莖後切絲，如果是乾燥的就用手捏碎
香茅 — 2支，去掉根部後取白色嫩莖的部分切片，不可用乾燥香茅代替
香菜 — 1株，切粗末（傳統會用刺芫荽）
青芒果 — 1/2杯，切絲，可省略
大紅辣椒 — 2支，切末
薄皮檸檬 — 1/3顆，帶皮切成約0.5公分丁狀，檸檬皮太厚的話會過苦，可省略
油炸花生 — 1/2杯
薄荷葉 — 1/2杯

作法

1. 將炸油熱到約攝氏170度，用中小火炸魚，先把一面炸到金黃色，約5分鐘後翻面，再炸4分鐘。不要一直翻面以免魚肉散掉。炸好後瀝油盛盤。
2. 將除了花生和薄荷以外的所有材料拌勻備用。
3. 把步驟2的醬汁淋在魚上，最後撒上花生和薄荷裝飾即完成。

★ 紅尼羅魚可換成鱸魚或黃魚。
★ 將木筷插入油鍋裡，如果筷子周圍開始冒小泡泡，表示油溫已達到溫度，可以開始炸魚了。
★ 除了紅尼羅魚之外，用黑魚來做這道菜也非常受歡迎，不過在台灣黑魚並不常見，去泰國旅遊時記得品嚐黑魚的料理。

ปลาสามรส

酥炸
三味魚

Deep-fried fish with sweet and sour sauce

這是泰國當地餐廳最受歡迎的菜單之一，料理的方式與中式糖醋魚概念相似，只不過魚肉不會裹上麵粉，而是整尾直接炸到酥透。其三味是酸、鹹、甜，再帶上一點辣味，而酸味是來自羅望子汁，不是中菜慣用的白醋。在泰國常以紅尼羅魚、鱸魚、石斑魚來烹調酥炸三味魚，此道食譜則是選用台灣常見且受歡迎的黃花魚。

材料 · 4人份

黃花魚 — 1尾，約400克，魚身雙面各劃三至四刀洗淨擦乾，以免炸的過程中噴油
炸油 — 1鍋
熱炒油 — 2大匙
蒜末 — 2大匙
大紅辣椒 — 2支，切末
椰糖 — 50克
羅望子汁 — 3大匙，混合1又1/2大匙的羅望子果肉與4大匙的水，挑掉厚皮和種子後取出約2大匙的湯汁
魚露 — 2又1/2大匙
切片紅蔥頭 — 3大匙

作法

1. 將炸油熱到約攝氏170度，用中小火炸魚，先把一面炸到金黃色，約五分鐘後翻面，再炸四分鐘。不要一直翻面以免魚肉散掉。炸好後瀝油盛盤。
2. 製作醬汁，以中小火熱鍋下油，爆香蒜末、辣椒末後加入椰糖、羅望子汁、魚露攪拌均勻。滾沸後轉小火，將醬汁煮濃稠後加入紅蔥頭拌勻關火。
3. 將魚盛盤並淋上醬汁即完成！

★ 如果擔心買回來的魚不夠新鮮，可額外準備香菜根、蒜和白胡椒粒，搗碎後跟魚一起醃漬30至90分鐘，可去腥並增添魚肉風味。

ทอดมันกุ้ง

炸蝦餅

Fried shrimp patties

這道在台灣大紅大紫的菜餚，相信是許多人去泰式餐廳時必點的料理。在泰文中ทอด [thot]是炸的意思，มัน [man]是脂肪或肥肉的意思，กุ้ง [kung]是蝦的意思，因爲蝦餅除了蝦肉之外，還需要脂肪來增加口感和提升味道。不過，月亮蝦餅其實是台灣人發明的，作法是將蝦肉均勻的鋪在圓形薄餅後下鍋油炸，在泰國是做成金錢狀的圓塊蝦餅。不管這道菜叫什麼名字，好吃最重要，而且，在家做一點都不麻煩。

材料・4人份

蝦肉 — 300克，一半切末一半處理成泥狀，可用任何品種，體型大帶有蝦膏爲佳
豬肥肉末 — 80克，脂肪與肉的比例爲7：3最佳
白胡椒粉 — 少許
蠔油 — 1茶匙
泰式淡醬油 — 1茶匙
麵包屑 — 1杯
炸油 — 1鍋
泰式雞醬 — 適量

作法

1. 將蝦肉、豬肥肉末、白胡椒粉、蠔油和泰式淡醬油攪拌混合均勻。
2. 手上沾一點水以免沾黏，把餡料捏成直徑約5公分寬、高1.5公分厚的蝦餅，也可以依照自己喜好決定大小。
3. 把塑形好的蝦餅兩面均勻的裹上麵包屑，麵包屑可放在盤子裡以便操作。
4. 以中火油熱到攝氏170度，將蝦餅兩面都炸到上色後取出，稍微瀝油後搭配泰式雞醬一起上桌。

ไข่ลูกเขย

女婿蛋與泰式酸甜醬

Fried boiled egg with sweet and sour sauce

女婿蛋，泰文ไข่ลูกเขย [khai luk khey]。相傳，有天父親突然拜訪出嫁的女兒，不巧女兒不在家，只好由女婿來接待岳父，但家裡就只剩幾顆蛋，女婿於是靈機一動，將蛋水煮後拿去炸，再調上酸甜醬汁來宴請岳父。岳父品嚐後大讚好吃，並取名爲女婿蛋。所以在泰國，如果男生做出這道菜，就可以表達他的用意了。此外，女婿蛋酸酸甜甜的味道討人喜歡，大人、小孩都愛吃，是一道很有人緣的菜。

材料．4-6人份

蛋　3顆
炸油　1鍋
油炸乾辣椒　4根（喜愛吃辣的人可以油溫約攝氏90度的小火炸到表面上色和香脆）

酸甜醬

熱炒油　1大匙
蒜片　1大匙
切片紅蔥頭　2大匙
羅望子汁　2大匙，混合1大匙的羅望子果肉與3大匙的水，挑掉厚皮和種子後取出約2大匙的湯汁
魚露　2大匙
椰糖　2大匙

作法

1. 燒一鍋水，依個人喜好將蛋煮至七到十分熟，取出後去殼並擦去外層水分。
2. 同時準備酸甜醬。用小火熱鍋後加入熱炒油，把蒜片煎到上色後取出（最後盤飾用）。另下切片紅蔥頭煎至金黃色，加入羅望子水、魚露與椰糖，煮至醬汁變得濃稠後熄火。
3. 備一鍋熱油，以中小火加熱到油溫約攝氏150度（放材料下去會冒小泡的狀態），油量至少要蓋過蛋的一半，盡量全部蓋過。把蛋炸到表面呈金黃色澤後取出瀝油。
4. 將蛋切成四等分擺在盤上，淋上醬汁再撒上蒜片，最後以油炸乾辣椒搭配盤飾。

Chapter 4

辣醬類

น้ำพริก

chili dip

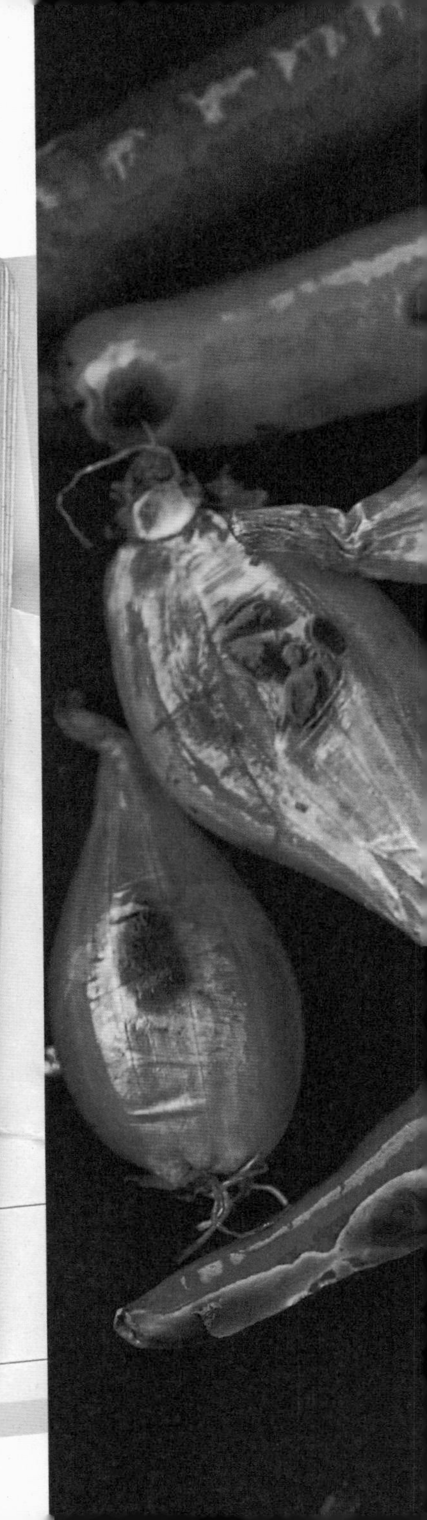

น้ำพริกกะปิ

蝦醬 辣椒醬

Shrimp paste and chili dip

辣醬是泰國不可或缺的的飲食文化之一，與台灣認知的沾醬不太一樣，沾醬可讓主菜增加風味，而泰式辣醬則是需要肉類和蔬菜來襯托它的風采。畢生致力於保存與發揚泰國文化的皇室親王，曾出版記載各式辣醬作法及由來的書籍，書中闡述蝦醬辣醬是所有辣醬的基本，想要做出好的辣醬，就必須從蝦醬辣醬開始，可見它在泰國飲食中重要的程度。這個配方適合搭配各類蔬菜及肉類，所以此辣醬上桌時，就可開始享受整桌豐盛又琳瑯滿目的配菜了！

材料．2-4人份

蝦醬—1大匙
蝦米—1大匙
小紅辣椒—1支，切成約1公分長
大紅辣椒—1支，切成約1公分長
椰糖—1茶匙，可用1/4茶匙的砂糖取代
蒜末—1大匙
魚露—1茶匙
檸檬汁—2大匙
水—2大匙

生鮮或燙熟的配菜（可換成自己喜歡的食材或分量）

煎鯖魚—1隻
九層塔蛋—1份
炸茄子片和青椒片（天婦羅）—各1份
燙山蘇和玉米筍—各1份
小黃瓜和包心白菜—各1份

作法

1 為避免燒焦，將蝦醬塗抹在鋁箔紙上，雙面包起來後入鍋以小火乾煎兩面各5分鐘，或以攝氏200度烤約8分鐘，直到收乾水分後取出備用。

2 將蝦米放入搗缽中搗成末，加入辣椒、椰糖、蒜搗勻後加入烤好的蝦醬，再次將所有材料搗勻，加入魚露、檸檬汁拌勻後加入水將辣醬調開後完成。

★ 此辣醬味道濃厚似鹹魚，嚐起來以鹹、辣味為主，酸、甜味為輔，調味時抓住主味，可以偏酸但不宜偏甜。

★ 食用時用湯匙勺一點點淋在肉類、各式蔬菜和白飯一起享用。

น้ำพริกปลาทู

鯖魚辣醬

Grilled mackerel sauce

鯖魚是泰國人愛吃的魚種之一，不論是烤、炸、醃漬或燉煮，各式各樣的作法都深受喜愛。即使在沒有海鮮攤位的傳統市場裡，也一定可找到專賣鯖魚的攤販，由此可見牠在泰國人生活中舉足輕重的地位。而大家都知道泰國是個熱愛吃辣的民族，將鯖魚和辣椒醬這兩個最愛的口味結合在一起，這奧妙的滋味一定要試著做出來品嚐看看！

材料・2-4人份

鯖魚 — 200克，新鮮或冷凍真空包裝
大紅辣椒 — 4支
大蒜 — 5瓣，帶皮
紅蔥頭 — 7顆，帶皮
鹽 — 1/4茶匙
檸檬汁 — 1茶匙
魚露 — 2茶匙
水 — 2大匙

生鮮和燙熟的配菜（可換成自己喜歡的食材與份量）

小黃瓜 — 2根，切斜片
包心白菜 — 4片，切成約手掌大的片狀
胡瓜 — 1/3顆 切成約2公分厚片狀，燙熟
玉米筍 — 8支，燙熟
秋葵 — 8支，燙熟

作法

1. 1 將鯖魚以攝氏180-200度烤約15分鐘，或用中小火將雙面油煎至金黃、表皮焦香，去掉魚骨後取出魚肉，撕成一口的大小。
2. 將辣椒、大蒜、紅蔥頭清洗後擦乾，帶皮放入烤箱以攝氏200度烤約10分鐘，或以中小火在乾鍋內分次煎至外皮焦香、裡面軟爛，處理好後去掉外皮與焦黑的地方。
3. 將辣椒去頭(也可把皮去掉)，大蒜、紅蔥頭去皮後，一起加鹽放入搗缽中稍微搗碎，不用搗至完全變成泥狀，可保留一點材料的質地。
4. 把步驟3的材料和魚肉混合，邊輕輕壓邊攪拌，盡量保有完整魚肉，拌勻後加入魚露和檸檬汁調味，最後加一點水增加濕度，拌勻後搭配蔬菜一起盛盤。

★ 泰式辣醬只能用搗的，不能用調理機代替。除了有手工的感覺之外，所有材料都需保留一些原本的樣子和口感。
★ 配菜請發揮創意依照喜好任意搭配。

น้ำพริกมะเขือเทศ

番茄醃魚辣醬

Spicy tomato and fermented fish dip

泰國醃魚可分為海水和淡水魚兩種，作法是將鹽和烤糯米末，與整條魚一起裝瓶醃漬，味道聞起來非常強烈濃郁，喜歡的人對於這個味道愛不釋手，不喜歡的人則敬而遠之。介紹一道融合醃魚醬和番茄的料理，若不喜歡此特殊海鮮氣味，或還沒嘗試過的話可以先不加醃魚醬，以單純的番茄為主味呈現。或許哪天愛上了醃魚的滋味，一吃你就會發現這是最適合不過的組合了。

材料 2~4人份

生番茄　250克，口味偏酸為佳
大蒜　3瓣，帶皮
紅蔥頭　5顆，帶皮
泰式醃魚醬　1茶匙，可不加
大乾辣椒　5克，切成約1公分長，以中小火乾鍋煎炒約3分鐘，使辣椒變得微焦、香脆
鹽　1/4茶匙
魚露　1茶匙，不加泰式醃魚醬時則改為2茶匙

生鮮配菜（可換成自己喜歡的食材與份量）

小黃瓜　適量，對切
白菜　適量，對切

燙熟的配菜（可換成自己喜歡的食材與份量）

熟綠竹筍　適量，切片
燙龍鬚菜　適量，去粗硬的莖
燙袖珍菇　適量
烤青椒　適量
烤蘑菇　適量

作法

1. 為避免燒焦，取魚肉切細末後塗抹在鋁箔紙上，雙面包起來後備用。
2. 將番茄、大蒜、紅蔥頭帶皮清洗後擦乾，帶皮與包好鋁箔紙的泰式醃魚肉末，放進烤箱以攝氏200度烤約10分鐘，烤到大蒜和紅蔥頭外皮焦香、裡面軟爛。
3. 把步驟2的材料除了番茄以外取出烤箱，番茄留著繼續烤約6分鐘，烤到表皮微微上色且都變皺之後，取出剝皮並切塊備用。
4. 將乾鍋煎過的乾辣椒段加鹽搗成碎屑，加入烤好並去皮的蒜、紅蔥頭、泰式醃魚搗成泥狀，再加入番茄塊壓成泥狀，以魚露調味攪拌均勻即完成。

★ 再次提醒，泰式辣醬不能沒有配菜！此辣醬適合生的、燙熟或烤熟的任何蔬菜，辣醬同時也是主菜，搭配肉類蛋白質就是營養豐富的一餐。

น้ำพริกอ่อง

泰北
番茄辣肉醬

Spicy mincemeat with tomato northern style

因爲長期居住在台灣，所以想念家鄉時就會做這道料理，上桌瞬間的濃濃辣醬香，讓嚐過的朋友都讚不絕口，是我從小到大最喜愛的料理之一。而且，身爲泰國北方蘭納王朝的子民，不跟大家介紹這道泰國北方名菜怎麼行呢？

此道肉醬和其他泰式辣醬一樣，需要搭配汆燙與生鮮的蔬菜一起享用，除此之外，也適合和米飯、麵包等麵食一起上桌。

材料．4人份

辣醬

大乾辣椒——10克，切成約1公分長，泡水20分鐘
大蒜——3瓣
紅蔥頭——5顆
蝦醬——1/2茶匙
泰式豆瓣醬——1大匙，可用1片豆豉片取代，用烤箱烤出香味後取出備用

其他材料

熱炒油——2大匙
豬肉末——300克
小番茄——300克，切四等分，建議挑偏酸的小番茄，可用牛番茄代替
水——100毫升
魚露——少許
糖——少許

配菜

小黃瓜——2根，切片，去不去皮都可
高麗菜——1/4顆，切成三等分後燙熟
龍鬚菜——8支，去掉粗梗後燙熟

作法

1. 製作辣醬。將乾辣椒瀝乾後放入搗缽中搗碎，再加入大蒜和紅蔥頭搗成泥狀，最後加入蝦醬和泰式豆瓣醬拌勻。
2. 把步驟1的辣醬與豬肉末混合拌均勻。
3. 以中大火熱鍋下油，把肉末辣醬炒到半熟，放入番茄後繼續把肉炒至全熟，加水進去並轉成中小火慢熬。
4. 等番茄煮到出汁軟爛時，加入糖和魚露調味，盛盤時搭配蔬菜一起上桌。

★ 享用番茄辣肉醬這道菜時，一定會搭配生菜和燙熟的蔬菜，而且越多越好。生菜部分也可換成如白菜、蘿蔓或西洋芹，而燙熟的蔬菜則可改成胡瓜、絲瓜、豇豆或油菜等。

น้ำพริกหนุ่ม

蘭納 青辣椒醬

Lanna green chili dip

泰國北部地區稱爲蘭納，代表百萬畝田的意思，因爲相傳13世紀時蘭納王國的領土幅員遼闊，最遠曾至中國雲南一帶。菜名裡น้ำพริก [nam prik]是指辣椒醬，หนุ่ม [num]爲年輕的意思，年輕的辣椒醬意即用青辣椒所做的辣醬，是蘭納地區的代表菜色之一。

泰國人的飲食文化與辣醬息息相關，它是餐桌上的主食，而不只是佐餐用的沾醬。每餐都會有不同材料製成的辣醬，並以辣醬當作主題發想搭配的靈感，這樣才是道地的泰國料理思想。此辣椒醬應搭配新鮮、蒸熟或川燙的蔬菜，再加上烤過或炸熟的肉類最對味。

材料 4人份

青辣椒　10支
大蒜　5瓣，帶皮
紅蔥頭　7顆，帶皮
鹽　1/2茶匙

配菜

豇豆　1支，切成約5公分長
袖珍菇　100克
花椰菜　1/4顆，切塊
小黃瓜　2根，切片
蘿蔓　兩片，對切
炸豬皮　1杯

作法

1. 將青辣椒、大蒜、紅蔥頭清洗後擦乾，帶皮放入烤箱以攝氏200度烤約10分鐘，或以中小火在乾鍋內分次煎至外皮焦香、裡面軟爛，處理好後去掉外皮與焦黑的地方。
2. 處理好的大蒜、紅蔥頭放入搗缽內，加入鹽。稍微搗過即可，適度保留一些口感。然後放入青辣椒簡單搗過，一樣稍微保留一些口感，拌勻之後試一下夠不夠鹹就完成了。
3. 豇豆、袖珍菇和花椰菜可以水煮或蒸熟，小黃瓜和蘿蔓只要洗淨就可，切成自己喜歡的大小後跟蔬菜、炸豬皮以及青辣椒醬一起上桌。

★ 若想和肉一起搭配青辣椒醬的話，可以挑食譜內炸或烤的雞肉或豬肉。

★ 這道配方中的青辣椒要找會辣的，在市場買的時候請攤販幫你挑。炸雞皮與炸豬皮可在一般販售東南亞食材醬料的超市內找到。

★ 關於蔬菜配菜，請發揮你的創意並搭配季節，不管東方或西式的蔬菜都可以配着吃。記得，辣醬一定要有配菜噢！

น้ำพริกตาแดง
紅辣椒醬
Red chili dip

各種菜餚只要來上一匙辣椒醬，可增加食物的辣度與層次感之外，更可帶出家鄉的滋味，配著米飯就是不馬虎的道地泰國菜。這也是爲什麼長年旅居國外的泰國人，總是會從家鄉帶些現成的辣椒醬，讓異地旅人可隨時隨地一解鄉愁。

紅辣椒醬的主角是大支的乾燥朝天椒，不過每個地區的偏好都不盡相同，調味上也有差異，像是有些地方會以檸檬或魚露去變化辣醬口味。這道配方是我的故鄉，泰國北方蘭納地區的作法，特色是將所有材料火烤後再搗成泥，讓辣醬增添了微微的焦香味。

材料・4人份

大乾辣椒 — 15克，以中小火乾鍋煎炒約3分鐘，使辣椒變得微焦、香脆
小魚乾 — 10克
大蒜 — 7瓣
紅蔥頭 — 7顆
泰式醃魚醬 — 1大匙
鹽 — 1/4茶匙
泰式豆瓣醬 2茶匙
（如果有豆豉片更佳，取半片火烤使其香脆）
水 — 2大匙

生鮮配菜（可換成自己喜歡的食材）

蘿蔓 — 3片，對半切
小黃瓜 — 3支，切10公分長條狀

燙熟的配菜（可換成自己喜歡的食材）

絲瓜 — 半顆，切10公分條狀，厚約2公分寬
高麗菜 — 1/4顆，切片2公分寬
龍鬚菜 — 1把，去掉粗硬的莖

作法

1 大乾紅辣椒和小魚乾放入烤箱以攝氏180度烤約3分鐘，或以中小火乾鍋煎約3分鐘，直到外皮焦香，辣椒也變得硬脆。

2 大蒜、紅蔥頭清洗乾淨後放入烤箱以攝氏200度烤約10分鐘，或以中小火乾鍋煎約5-6分鐘，直到外皮帶有微微的焦香後，剝去外皮備用。

3 爲避免燒焦，將泰式醃魚醬取魚肉切細末後塗抹在鋁箔紙上，雙面包起來後入鍋以小火乾煎兩面各5分鐘，或以攝氏200度烤約8分鐘，直到收乾水分後取出備用。

4 取步驟1處理好的辣椒，放入搗缽內和鹽巴一起搗成粉狀取出後，再加入小魚乾一起搗成粉狀。接著依序放入大蒜、紅蔥頭、泰式醃魚肉末和泰式豆瓣醬，要慢慢地一個一個加，等到都搗勻了才能放下一個材料。

5 加水將所有的材料一邊攪拌、一邊繼續搗勻即可，搭配豐富的蔬菜一起盛盤。

★ 別忘了泰式辣醬一定要配蔬菜喔，如果有肉類的話更棒。建議你一次多做一些，剩下的不要放水，直接用保鮮盒儲存起來，要吃的時候再拌水調勻即可。

★ 這個辣醬幾乎所有的材料都是烤過的，趁熱搗才好使力，事半功倍。

Chapter 5
咖哩類
แกง
curry

แกงเผ็ดหมู

豬肉
紅咖哩

Pork red curry

紅咖哩的顏色主要來自乾辣椒皮，其香味與辣度都比綠咖哩溫和一些。除了可做成這道菜之外，還可以廣泛地運用在各種不同的料理，其重要程度可說是咖哩辣醬之母，是泰國家庭廚房裡不可或缺的調味基調。

材料 · 4-6人份

椰奶 — 1罐，約400毫升
紅咖哩辣醬 — 100克
梅花豬肉 — 500克，切成一口大小片狀，可改用牛肉或雞肉
長茄 — 1根，切成約2公分塊狀，可改用米茄或泰國小圓茄
熟綠竹筍 — 3塊，切斜片約0.5公分厚，可改用涼拌筍
大紅辣椒 — 2支，切斜片
九層塔 — 約1杯
檸檬葉 — 6片，對半撕掉中間的粗莖
魚露 — 2大匙
椰糖 — 約25克

紅咖哩辣醬（可購買現成的或依此食譜自己製作）

孜然籽 — 1/2茶匙
香菜籽 — 1大匙
白胡椒粒 — 1茶匙
鹽 — 1/2茶匙
大乾辣椒 — 8克，去籽，泡水約20分鐘後濾乾備用
檸檬皮 — 1/2茶匙（傳統用馬蜂橙皮）
南薑末 — 1茶匙
切片香茅 — 1大匙，取根部以上白色的地方約5公分
切片紅蔥頭 — 2大匙
蒜末 — 1大匙
香菜根末 — 1大匙，從根到莖約5公分
蝦醬 — 1/2茶匙

作法

1 製作紅咖哩辣醬。將孜然籽、香菜籽用乾鍋煎至香味出來，取出後和白胡椒粒一起放入缽中搗成粉末，取出備用。
2 將鹽、大乾辣椒、檸檬皮、南薑、香茅、紅蔥頭、大蒜、香菜根，一一搗成泥狀後，再加入步驟1的材料搗均勻，最後加入蝦醬拌勻，即完成紅咖哩辣醬。
3 將半罐椰奶入鍋，以中小火煮至椰奶冒泡。逼出椰子油後，放入紅咖哩醬拌炒，炒至香氣出來且水分會稍微減少。
4 加入豬肉炒至約三分熟後，放入茄子和竹筍拌炒。
5 放入水和椰糖，開大火燒滾後轉爲中小火，加入剩餘的椰奶並再次煮滾後，最後以魚露調味，放入九層塔、檸檬葉和紅辣椒即可熄火。上桌時可再加入一些九層塔和切片紅辣椒點綴。

★ 可依個人喜好將竹筍換成酸筍片、玉米筍、杏鮑菇或鴻喜菇。
★ 大部分咖哩的特性都是放隔夜後味道會融合得更好，所以最後一個步驟我會僅放一半的香料，如九層塔和紅辣椒。隔天要吃的時候先加熱，盛盤時再撒上剩餘的九層塔和紅辣椒來增加新鮮香氣。我自己有一個快速入味的方法，就是全部都煮完後關火，待一個小時後整鍋咖哩冷卻的差不多了，再次加熱來吃，上桌時撒上剩餘的九層塔和紅辣椒增加香氣，就不用特別花時間等一整晚了，雖然放隔夜咖哩還是會更入味一些。

แกงฮังเล

豬五花
夯勒咖哩

Pork hunglei curry in northern style

泰文แกง [geang]特指濃厚的湯，在泰國以外的地區則多翻譯成咖哩，而夯勒（ฮังเล，hunglei）為咖哩辣醬或咖哩豬肉的意思，同樣是來自泰國北部蘭納地區的菜色。

這道料理的主味是鹹中帶點微酸，後味才有辣勁，是少數不加椰奶又很濃稠的咖哩。普遍有兩種作法，第一是自己搗夯勒咖哩辣醬（可參考P70的后咖哩作法），第二則是用紅咖哩辣醬（可參考P148的紅咖哩作法），再加入夯勒粉調味。夯勒粉的成分和印度咖哩粉相近，主要成分都是薑黃，而咖哩粉比較容易取得，所以在當地也常用它來替代夯勒粉。

此食譜用方便購買的紅咖哩辣醬和咖哩粉，提供比較精簡的家庭配方，希望大家也能輕鬆地複製這道名菜。

材料・4人份

熱炒油 — 1大匙
紅咖哩辣醬 — 80克
五花豬肉 — 600克，切成5×5公分大小
咖哩粉 — 1茶匙
水 — 500毫升
薑絲 — 1大匙
大蒜 — 1/2杯
紅蔥頭 — 1/2杯
黃砂糖 — 1茶匙
羅望子 — 1又1/2茶匙
原味乾花生 — 1/2杯
魚露 — 2茶匙

作法

1. 以中小火熱鍋下油，把紅咖哩辣醬炒開並煮出香味後，加入五花肉拌炒均勻。
2. 加入咖哩粉一起炒勻直到香味出來且五花肉出油。
3. 加水、薑絲、大蒜、紅蔥頭、黃砂糖、羅望子攪拌均勻，等滾後加入花生粒拌勻並轉小火蓋鍋燉煮，每隔10分鐘攪拌一次避免鍋底燒焦。
4. 燉煮約30-40分鐘後，豬五花肉質軟爛，大蒜、紅蔥頭在攪拌過程中會融入醬汁之中。
5. 最後加魚露調整鹹味後即關火完成。

★ 用魚露調鹹味時，因為每個辣醬包鹹度都不太一樣，所以請小心調味。

★ 可將咖哩放涼後，重新再次加熱風味更佳。

แกงกะหรี่เนื้อ
牛腩黃咖哩
Beef yellow curry

黃咖哩源自穆斯林的飲食文化，是一道融合印度與泰國辛香料的菜色，而且是除了夯勒咖哩以外，少數使用咖哩粉的泰式咖哩。
在泰國的黃咖哩多料理成雞肉口味，因爲穆斯林不能吃豬、印度教禁止吃牛，不過台灣喜愛吃牛的人蠻多的，所以特別介紹用牛腩入菜的作法。當然，雞、豬、牛甚至海鮮都適合這道咖哩，大家可依自己喜好搭配肉類。

材料 · 4人份

椰奶 — 1罐，約400毫升
泰式黃咖哩辣醬 — 50克
牛腩 — 400克，切成約3公分塊狀
馬鈴薯 — 200克，切成約3公分塊狀
水 — 200毫升
洋蔥 — 1/2顆，切成約3公分塊狀
椰糖 — 25克，可用1/2茶匙的黃砂糖或白砂糖取代
魚露 — 2大匙

泰式黃咖哩辣醬（可購買現成的或依此食譜自己製作）

香菜籽 — 1大匙
孜然粒 — 1茶匙
薑末 — 1茶匙
切片紅蔥頭 — 3大匙
蒜末 — 1大匙
大乾辣椒 — 5克，去籽，泡水約20分鐘後擰乾備用
鹽 — 1/2茶匙
南薑末 — 1茶匙
切片香茅 — 1大匙，取根部以上白色的地方約5公分
咖哩粉 — 2茶匙

作法

1. 製作泰式黃咖哩辣醬。將香菜籽、孜然粒乾鍋煎至香味出來後取出，搗成粉末備用。
2. 將薑、紅蔥頭、蒜末乾鍋煎炒到微微焦香，取出備用。
3. 將大乾辣椒、鹽、南薑、香茅、紅蔥頭、大蒜和薑，一一搗成泥狀後，再加入步驟1的材料搗均勻，最後加入咖哩粉拌勻即完成泰式黃咖哩辣醬。
4. 將半罐的椰奶倒入鍋中，以中小火將椰奶煮沸，逼出油脂後加入泰式黃咖哩辣醬拌開並炒至香味出來。
5. 加入牛腩拌炒均勻至半熟，然後加入馬鈴薯與水。
6. 煮滾後加入椰糖並把火轉小，燉煮約20分鐘後加入洋蔥塊和剩餘的半罐椰奶。
7. 先加入1大匙的魚露調味攪拌後繼續燉煮約15分鐘，最後再用魚露調整鹹度即完成。

★ 依個人喜好可添加1茶匙的咖哩粉，在步驟6調味的時候增添其風味。

พะแนงเนื้อ

牛肉帕捻咖哩

Beef panang curry

帕捻（พะแนง，panang）咖哩辣醬在泰國菜中佔有一席之地，它的特色在於醬汁有著濃厚辣醬的香味，靠著香濃的椰奶提升渾厚的口感和滋味，不能用水混合、稀釋，很適合跟大部分的肉類或海鮮一起烹調，是非常下飯且總是讓人胃口大開的一道菜。帕捻咖哩辣醬跟紅咖哩很類似，但兩者的香料和作法皆不同，因此味道也有差別。不過，沒有帕捻咖哩辣醬時，可以將就用紅咖哩辣醬來取代，近幾年在台灣超市裡也找得到帕捻咖哩辣醬了，請把它帶回家讓這一道菜上桌吧。

材料・4人份

熱炒油 — 1大匙
帕捻咖哩辣醬 — 50克
牛肉 — 300克，切片
椰奶 — 1/2罐，約200毫升
蘆筍 — 4支，斜切成約5公分長，
  可改用豇豆
椰糖 — 20克，可用1/2茶匙的砂糖取代
檸檬葉 — 4-6片，去中心的莖後切絲，
  如果是乾燥的就用手捏碎
大紅辣椒 — 2支，切絲或切片
魚露 — 2茶匙

帕捻咖哩辣醬（可購買現成的或依此食譜自己製作）

鹽 — 1/2茶匙
白胡椒粒 — 1茶匙
檸檬皮 — 1/2茶匙（傳統用馬蜂橙皮）
大乾辣椒 — 5克，去籽，
  泡水約20分鐘後擰乾備用
南薑末 — 1茶匙
切片香茅 — 1茶匙，
  取根部以上白色的地方約5公分
切片紅蔥頭 — 2大匙
蒜末 — 1大匙
香菜根末 — 1茶匙，
  從根部到莖約5公分長的地方
蝦醬 — 1/2茶匙

作法

1. 將鹽、大支乾辣椒、檸檬皮、白胡椒粒、南薑、香茅、紅蔥頭、蒜末、香菜根，一一搗成泥狀後，最後加入蝦醬搗均勻，即完成帕捻咖哩辣醬。
2. 以小火熱鍋下油，先把帕捻咖哩辣醬炒香，加入牛肉後炒至三分熟。
3. 放入一半的椰奶，用中小火拌勻後放入蘆筍與椰糖，並把剩下的椰奶也加入煮到微滾。
4. 最後撒上檸檬葉、辣椒和魚露再烹煮約3分鐘，試看看調味後即可上桌囉！

มัสมั่นไก่

瑪沙曼咖哩雞

Chicken massaman curry

瑪沙曼咖哩曾在2011年被評選爲全球50大美食的第一名，在歐美國家也逐漸有了名氣。這是道融合泰國當地伊斯蘭飲食文化而成的咖哩，基底使用十多種香料，散發出獨特誘人的香氣。這次我用蘋果和杏鮑菇，取代原本常見的馬鈴薯和紅蘿蔔，增加了果香與酸甜的滋味。

材料．4人份

熱炒油 — 2大匙
瑪沙曼辣醬 — 100克
椰奶 — 400毫升
大雞腿 — 2支，可用整隻腿或切成大塊
水 — 150毫升
杏鮑菇 — 150克，切成約1公分寬
蘋果 — 1顆，去皮切大塊
洋蔥 — 1/2顆，切大塊
原味乾花生 — 1/4杯
小荳蔻 — 5顆，可用磨碎的肉豆蔻替代
肉桂 — 2支，以小火乾鍋煎至香味出來
椰糖 — 50克
羅望子果肉 — 1茶匙
魚露 — 適量

瑪沙曼辣醬（可購買現成的或依此食譜自己製作）

香菜籽 — 1大匙
孜然粒 — 1茶匙
白胡椒粒 — 5粒
南薑末 — 1茶匙
切片香茅 — 1大匙，
　取根部以上白色的地方約5公分
切片紅蔥頭 — 3大匙
蒜末 — 2大匙
大乾辣椒 — 5克，去籽，
　泡水約20分鐘後擰乾備用
鹽 — 1/2茶匙
丁香 — 2個
蝦醬 — 1/2茶匙

作法

1. 製作瑪沙曼辣醬。將香菜籽、孜然粒、白胡椒粒乾鍋煎炒至香味出來後取出搗成粉末備用。
2. 將南薑、香茅、紅蔥頭、大蒜乾鍋煎到微微焦香，取出備用。
3. 將大乾辣椒、鹽、南薑、香茅、紅蔥頭、大蒜和丁香，一一搗成泥狀後，再加入步驟1的材料搗均勻，最後加入蝦醬搗均勻，即完成瑪沙曼辣醬。
4. 以中小火熱鍋下油，加入瑪沙曼辣醬後慢慢地把辣醬炒香，顏色也會變得比較深。
5. 加入200毫升的椰奶，拌炒到滾沸後放入雞腿，煎煮至三分熟後加水進去。
6. 拌勻鍋內材料後，倒入杏鮑菇、蘋果、洋蔥、花生、小荳蔻、肉桂、椰糖與羅望子果肉，再倒入剩餘的椰奶攪拌均勻。
7. 再次煮滾後，用魚露調整鹹度，每次加半茶匙的量，邊加邊嚐。然後轉小火慢燉約20分鐘後即完成。

★ 配菜沒有什麼限制，大家可盡情發揮創意添加自己喜歡的材料。

★ 現成的咖哩辣醬口味有時候會偏鹹，所以用魚露調味時要邊加邊嚐，以免下手太重變得太鹹。

แกงเขียวหวาน

雞肉 綠咖哩

Chicken green curry

泰式綠咖哩遠近馳名，算是知名度和接受度都很高的一道菜。它的顏色來自於新鮮的綠色小辣椒，混合各式香料後拌入椰奶而成，其實是蠻辣的咖哩。在泰國以外的地方吃到的綠咖哩，大多是改良過的口味了，不是不夠辣，就是椰奶味道太重或過於濃稠，要吃道地的不如自己動手做。

現在市面上很容易找到泰國品牌的綠咖哩醬包，口味大同小異，只要是真空包裝的都可試試看，相信一定能選出自己最喜愛的味道。

材料 · 4人份

椰奶 — 1罐，約400毫升
綠咖哩醬 — 50克
去骨雞腿肉 — 2支，切成約一口大小，可改用雞胸肉
茄子 — 1根，切成約2公分寬，可用泰國小圓茄取代
杏鮑菇 — 2根，斜切約1公分寬，可換成其他味道較淡的菇類
水 — 500毫升
椰糖 — 25克
魚露 — 2大匙
大紅辣椒 — 1支，切斜片
九層塔 — 約1杯

綠咖哩辣醬（可購買現成的或依此食譜自己製作）

孜然籽 — 1/2茶匙
香菜籽 — 1大匙
白胡椒粒 — 1茶匙
鹽 — 1/2茶匙
檸檬皮 — 1/2茶匙（傳統用馬蜂橙皮）
南薑末 — 1大匙
切片香茅 — 1大匙，取根部以上白色的地方約5公分
切片紅蔥頭 — 2大匙
蒜末 — 1大匙
切末香菜根 — 1大匙，從根部到莖約5公分長的地方
青辣椒 — 9支，挑選會辣的
蝦醬 — 1/2茶匙

作法

1 將孜然籽、香菜籽乾鍋煎至香味出來，取出後和白胡椒粒一起放入缽中搗成粉末，取出備用。

2 將鹽、檸檬皮、南薑、香茅、紅蔥頭、蒜末、香菜根，青辣椒，一一搗成泥狀後，再加入步驟1的材料搗勻，最後加入蝦醬搗均勻，即完成綠咖哩辣醬。

3 將半罐椰奶入鍋，以中小火煮至椰奶冒泡。逼出椰子油後，放入綠咖哩醬拌炒，炒至香氣出來而且水會稍微減少。

4 放入雞肉炒至三分熟，接著放入茄子和杏鮑菇。

5 簡單炒過後，加水和椰糖，這時候可以先開大火，煮滾後再轉爲中小火去燉。

6 加入剩餘的椰奶並再次煮滾，最後以魚露調味，放入九層塔與紅辣椒即可熄火。上桌時可再加入一些九層塔和切片紅辣椒點綴。

★ 食譜中的綠咖哩辣醬約為6人份，做起來為中辣或小辣，想要更辣、更濃郁的話可增加至100克。

★ 市售的咖哩醬包有些鹽分加的較多，加魚露時要一邊加一邊試口味，把食譜上的量當作參考值以免不小心做太鹹。

★ 可用牛肉或豬肉取代雞肉，主食的話可以配泰國香米或米線，味道都很棒。

★ 書裡的綠辣椒配方大概是小辣的程度，因為傳統配方用的綠色鳥眼小辣椒在台灣不好找，故改用大支的青辣椒入菜。

Chapter 6

湯類

ซุป

soup

จอผักกาด

泰北排骨油菜花酸湯

Sour brassica chinensis and pork ribs soup in northern style

這是道北部蘭納區域無人不知的名菜，傳統會用排骨來入菜，民間還有歌謠專門歌頌這道湯。泰文中จอ[cho]是熬煮的意思，ผักกาด[phak kat]則是油菜。此湯品喝起來酸勁卻無辣味，酸味主要來自於羅望子汁，另外會再加入以黃豆發酵而成的豆瓣醬，帶出湯頭渾厚的滋味，最後拌上點蒜油和蒜酥提出香味，是一道滿足味蕾及嗅覺的料理。

材料．4-6人份

湯底辣醬

大蒜 — 3瓣
紅蔥頭 — 5顆
鹽 — 1/4茶匙
蝦醬 — 1/4茶匙
泰式豆瓣醬 — 1大匙，可用1片豆鼓片取代，用烤箱烤出香味後取出備用

其他材料

油菜花 — 600克，帶著粗莖和小黃花佳，可用甘藍菜（甘藍型油菜）取代
豬排骨 — 300克，切大塊
羅望子果肉 — 1大匙
魚露 — 2茶匙
水 — 1.2升

蒜酥和辣椒酥

熱炒油 — 2大匙
大蒜 — 6瓣，切片
小乾辣椒 — 7根

作法

1. 製作湯底辣醬。將大蒜、紅蔥頭和鹽放入搗缽中，搗碎即可，不需搗成泥狀。放入蝦醬一起搗勻，最後放入泰式豆瓣醬拌勻後備用。
2. 油菜花削去纖維較粗的外皮並切成每一段約5公分長。
3. 把水燒滾，將清洗好的豬排骨加入湯裡以小火燉煮約30分鐘，然後加入步驟1的湯底辣醬。
4. 轉成中火，加入油菜花和羅望子果肉，再次滾沸後加入魚露調味即可熄火。
5. 另起一鍋小火熱油，加入小乾辣椒煎約2-3分鐘，把辣椒煎到香脆取出備用。另外加入蒜末煎至金黃色，取得蒜酥和蒜油備用。
6. 上桌時淋一茶匙的蒜酥和蒜油，再擺上煎過的乾辣椒酥。

★ 此湯沒有辣味，喜愛吃辣的人可配上煎過的辣椒酥，味道非常香，非它不可喔！吃的時候試試看一口肉與菜，再咬一小口的辣椒酥增加香辣的口感，或直接剝碎撒在湯碗裡也可以。

★ 蒜酥和蒜油可直接加入煮好後的湯鍋裡，我個人習慣是上桌時再淋上去，請依自己的喜好調整吃法。

ต้มแซ่บกระดูกหมูอ่อน

酸辣豬軟骨湯

Spicy and sour pork cartilage soup

同樣是源自伊爹地區的菜色，其受歡迎的程度不亞於酸辣蝦湯，特色是雖然湯頭看起來清澈，靠著乾辣椒的辣味以及烤糯米末和九層塔的香氣，喝起來卻是酸辣又過癮。菜名裡ต้ม [tom]代表燉煮，แซ่บ [saep]是伊爹語中好吃或好喝的意思，กระดูกหมูอ่อน [kraduk mu on]是豬軟骨的意思，直譯爲好喝的豬軟骨湯，菜名如此有自信又直接，可見一定是好喝的！

材料．4-6人份

水——1.2升
豬軟骨——400克，切大塊
香菜根——2株，取根到莖約5公分後拍碎
紅蔥頭——5-7顆，拍碎
香茅——2支，去掉外圈厚皮後，
　取根部以上切成3段，每段約5公分，
　拍裂備用
南薑——5片，斜切成約1公分厚片，
　不要用乾燥的以免煮出苦味來
檸檬葉——5片，對半撕掉中間的粗莖
小乾辣椒——5支
蘑菇——100克，對切，
　可用袖珍菇或草菇取代
泰式乾辣椒粉——1茶匙
魚露——3大匙
檸檬汁——3大匙
烤糯米末——1大匙
九層塔——8片，切成約0.5公分寬，
　可用刺芫荽或香菜取代

作法

1. 將水煮滾，加入豬軟骨塊、香菜根與紅蔥頭，以中小火燉煮約30分鐘。
2. 豬軟骨燉到軟嫩之後，加入香茅、南薑、檸檬葉和乾辣椒。
3. 等湯底再次煮到滾沸後加入蘑菇，喜歡的話也可放入番茄。滾了以後放入辣椒粉與魚露，熄火後用檸檬汁調味。
4. 上桌時撒上糯米末與九層塔（刺芫荽或香菜也可以）裝飾。

★ 此湯可不加蘑菇或其他菇類一起入菜，單獨做豬軟骨軟或排骨酸辣湯。

★ 泰式乾辣椒粉可在盛到湯碗時再加入調整辣味。

จอผักปลัง

泰北肉丸皇宮菜湯

Malabar spinach with meatball soup in northern style

這是我在家裡常常會做的菜，傳統作法會加入泰式酸肉一起熬煮，不過在台灣泰式酸肉不太普遍，所以提供搭配肉丸子的組合，亦不失其風味。很多泰式的湯喝起來是偏酸的口味，不過這湯稱不上酸湯，材料中的檸檬汁只是讓湯頭更清香的調味而已。只要掌握湯頭的基本調味，你可以用這份食譜變化很多不同的組合，換成自己喜歡的蔬菜也行。

材料．4人份

湯底辣醬

紅蔥頭 — 5顆
大蒜 — 3瓣
大紅辣椒 — 2支
鹽 — 1/4茶匙
蝦醬 — 1/4茶匙

肉丸

豬肉末 — 150克
白胡椒粉 — 1/4茶匙
鹽 — 1/4茶匙

其他材料

水 — 1.2升
牛番茄 — 150克，切成約2公分片狀，不限品種，只要偏酸的番茄都可以
皇宮菜 — 250克，去掉粗硬的莖，用手摘成每一段約5公分長
魚露 — 2大匙
檸檬汁 — 1大匙

作法

1. 製作湯底辣醬。把紅蔥頭、蒜頭、辣椒和鹽放入搗缽，搗碎即可，不需搗成泥狀。加入蝦醬拌勻。
2. 製作肉丸，混合豬肉末、白胡椒粉和鹽，攪拌至出筋且摸起來會有黏性。把肉末捏成約3公分大小的丸子備用。
3. 把水燒滾，放入步驟1的湯底辣醬和番茄，滾沸後把豬肉丸子也加進去。
4. 等到湯再次滾沸後加入皇宮菜和魚露，再燒滾一次即可關火，用檸檬汁做最後調味即可。

★ 逛東南亞的超市時，若有機會看到泰式酸肉請帶回家加在這道湯裡面，取80克撕成肉末後加入湯裡一起熬煮，風味會更加道地，剩下的酸肉可拿來炒蛋，做成另一道酸肉炒蛋也非常的美味。

★ 喜愛口味酸一點的朋友不妨多擠些檸檬汁在湯裡，泰國菜重視個人口味，酸、鹹和辣味都可調整，只要能讓自己食指大動就是泰國菜的特色。

สุกี้น้ำ

泰式壽喜燒醬湯肉片冬粉

Thai sukiyaki pork soup

跟泰式壽喜燒醬乾炒雞肉冬粉很像，不過這道是做成湯，同時可以吃到很多蔬菜。在家裡只要事先把沾醬做好，這道菜料理起來快速又方便，多的醬汁還可以拿來當作火鍋沾醬，真的很簡單！

材料．1人份

水 — 400毫升
泰式壽喜燒醬 — 5大匙，
（作法請參考P82泰式壽喜燒醬乾炒雞肉冬粉）
冬粉 — 1捲，約50克重，
泡水20分鐘後對切
豬肉片 — 100克
雞蛋 — 1顆
香菜 — 1株，切成約5公分長
芹菜 — 1根，切成約5公分長
蔥 — 1支，切成約5公分長
空心菜 — 2支，切5公分長
大白菜 — 1片，每片切成4段
白胡椒粉 — 少許

作法

1. 將水燒滾後，加入泰式壽喜燒醬拌勻，再放入冬粉和豬肉。
2. 把蛋打到湯裡面，拌成蛋花。
3. 加入剩餘所有的蔬菜，再次煮滾後熄火，並撒上白胡椒粉調味。
4. 裝盤時額外附上一小碗沾醬，依各人喜好搭配沾醬品嘗。

ตรา
ทิพรส

ต้มข่าไก่

南薑椰汁雞湯

Chicken soup with galangal and coconut milk

南薑椰汁雞湯是一道溫潤美味的精力湯，入口時可以品嘗到些許的酸辣滋味，並帶著南薑的清香。南薑是個強健補身的材料，除了可以改善過敏體質並提升免疫力外，對於感冒也有顯著的療效。泰國料理除了入口美味之外，食療並濟更是特色之一。

材料・4-6人份

帶骨雞腿　3支，切塊，可改用雞胸肉
椰奶　1罐，約400克
南薑　6片，斜切成約0.5公分厚片
香茅　1支，去掉外圈厚皮後，
　取根部以上切成3段，每段約5公分拍裂
檸檬葉　3-5片，
　撕掉葉片中間的的莖使其香味釋放
紅蔥頭　8顆，拍碎
袖珍菇　8-12片
小紅辣椒　5支，拍碎
椰糖　25克
鹽　1/4茶匙
魚露　1-2大匙
檸檬汁　2大匙
水　750毫升

作法

1. 將半罐椰奶入鍋，以中小火煮至椰奶冒泡後加入雞肉、南薑和香茅，把雞肉炒到約三分熟。
2. 加入椰糖、紅蔥頭和水，再次把湯汁煮滾。
3. 放入袖珍菇和鹽，等湯汁煮滾後放入剩餘的椰奶、小辣椒、魚露和檸檬葉，再等湯汁燒滾後即可熄火，加上檸檬汁後試一下調味，盛盤時撒上少許的香菜葉裝飾。

★ 調味時要小心，記得關火後再加入檸檬汁和魚露。若怕太辣的話，可熄火後再加入辣椒。

★ 檸檬葉、南薑和香茅，這幾個香料最好用新鮮的，次一級的話是冷凍品，最後才是用乾燥製品，其香氣和味道是遞減的。乾燥的南薑容易煮出苦味，不建議用在湯和辣醬的料理。

ต้มยำกุ้ง

酸辣蝦湯

Tom yum kung

泰文中ต้ม [tom]是指燉或熬煮出來的湯，ยำ [yum]爲酸辣口味的作法，กุ้ง [kung]是蝦的意思。不過酸辣蝦湯已經有名到不需要翻譯了，在台灣許多地方會直接音譯成「冬陰功」，是道明星級的料理。這道菜的作法其實簡單又快速，只要備齊各類新鮮香料，在家也可以呈現和餐廳一樣的美味。

材料 · 4人份

水 — 1升

草蝦 — 8隻，去頭、殼後留尾巴，開背去腸泥，蝦頭留著熬湯

香茅 — 2支，去硬根，取根部以上切3段，每段約5公分，拍裂備用

南薑 — 5片，切斜片0.5公分厚

檸檬葉 — 5-7片，對半撕掉中間的粗莖

香菜根 — 2支，取根到莖約5公分

紅蔥頭 — 5顆，拍碎

泰式辣椒醬 — 1又1/2大匙

椰糖 — 25克

草菇 — 8粒，對切，可換成其他味道較淡的菇類

小紅辣椒 — 5支，拍碎

檸檬汁 — 3大匙，建議用無籽檸檬

魚露 — 3大匙

作法

1. 將水煮滾後加入蝦頭，熬約5分鐘後帶出味道就可以把蝦頭拿掉。
2. 接著放入香茅、南薑、檸檬葉、香菜根、紅蔥頭、泰式辣椒醬與椰糖，煮滾以後繼續讓湯汁沸騰約3分鐘。
3. 加入草菇和小紅辣椒，再次把湯煮滾後放入蝦肉和魚露。等到湯再次滾沸時即可熄火，淋上檸檬汁調味，上桌時可額外加入新鮮香菜葉裝飾。記得放檸檬汁時一定要熄火，以免煮出苦味又散了檸檬香氣。

★ 這個配方大概是中辣口味，小辣椒在湯裡煮得越久喝起來就越辣，所以怕吃辣的人可減量或最後再加辣椒，不過辣椒是不可或缺的香氣來源，一定要加。

แกงผักบุ้ง

泰北空心菜酸魚湯

Sour fish soup in northern style

泰國共有四大菜系，各地區對酸魚湯都有屬於自己的烹調方法，此道食譜是北方的作法，再結合南方常用的鯔魚（烏魚）。北部湯品的特色，是以蔬菜爲主，肉類爲輔，料理時必須先思考，這道湯要用什麼蔬菜來呈現，再考慮搭配哪種肉，這樣的邏輯與中式或西式料理截然不同，而這也正是泰國北部料理的趣味所在。

在台灣的泰式餐廳，各家酸魚湯的口味差異極大，不像酸辣蝦湯總有固定的基本口味。這是個口味清爽的配方，其中帶著些微的酸辣調味，與一般的酸辣湯味道不太一樣。

材料．4-6人份

湯底辣醬

大紅辣椒 — 2支，可搭配綠辣椒
大蒜 — 3瓣
紅蔥頭 — 5顆
蝦醬 — 1/4茶匙
鹽 — 1/4茶匙

其他材料

水 — 1.2升
鯔魚 — 1隻，約500克，切成約3公分大小的的圓塊狀，留頭下來熬湯
牛番茄 — 1顆，切成約2公分片狀，不限品種，只要偏酸的番茄都可以
水耕空心菜 — 150克，切成約5公分長
魚露 — 1又1/2大匙
檸檬汁 — 1大匙

作法

1. 製作湯底辣醬。將大紅辣椒、大蒜、紅蔥頭、鹽放入搗缽中，搗至接近泥狀後加入蝦醬搗勻，取出備用。
2. 將水煮滾加入湯底辣醬、魚頭和番茄熬湯，煮至滾沸後繼續熬煮約5分鐘。
3. 加入魚塊等到煮至滾沸即可放入空心菜拌勻，待再次微滾後加入魚露調整鹹味，最後熄火並擠入檸檬汁拌勻，上桌前再次確認調味即可。

★ 這道湯以微酸、辣和適中的鹹味為主，魚露和檸檬要一邊加一邊試味道，以免下手太重，味道太鹹。

★ 水耕空心菜是最接近道地的煮法，如果沒有的話可用土耕代替（即一般炒空心菜用的），若是不加空心菜，直接煮魚湯的話風味還是很好。

★ 這個配方設計的比較簡單，讓大家無論在什麼地方都可方便的找到材料，有些作法會加入香茅、薑黃或其他的辛香料。在泰北當地常用黑魚入菜，不過也可換成其他的魚種，像是鱸魚或黃魚都很適合。

Chapter 7

甜點類

ของหวาน

dessert

รวมมิตร

綜合冰品椰奶甜湯

Roum Mid with cold coconut milk

這個和大家所熟悉的摩摩喳喳（bubur cha cha）相似，不過摩摩喳喳是以芋頭、地瓜、西谷米爲主的馬來西亞甜點。泰國的椰奶甜湯叫作 มิตร [roum mid]，代表綜合的意思，同樣是以椰奶作爲甜湯底，但是其中配料和椰奶的提香方式不太一樣。

在此提供兩種傳統的手工配料，一個是紅色脆石榴（ทับทิมกรอบ，[tub tim krob]），另一個是綠色香蘭葉涼粉（ลอดช่อง，[lod chong]），再加上黃肉哈密瓜及透明白色的亞達枳，看起來豐富繽紛正是此冰品的最大特色。

材料．6-8人份

綠色香蘭葉涼粉絲

飲用水 — 3又3/4杯

香蘭葉 — 7片，切成約1公分寬

在來米粉 — 1/2杯

太白粉 — 2大匙

白色綠豆澱粉 — 2大匙，
做涼粉用的綠豆澱粉

冰飲用水 — 1.5升，
1升的水加入0.5升的冰塊，冰鎮定型用

紅色脆石榴

荸薺 — 200克，去皮洗淨，
切成約1公分丁狀

紅色火龍果原汁 — 60毫升，
可用食用紅色素取代，
以1滴混合100毫升的水稀釋

太白粉 — 3/4杯

滾水 — 1鍋

冰飲用水 — 1.5升，
1升的水加入0.5升的冰塊，冰鎮定型用

糖水

飲用水 — 2杯

砂糖 — 1杯

香蘭葉 — 3片，打一個結，
或用7朵茉莉花取代

椰奶漿

椰奶 — 800毫升

香蘭葉 — 3片，打一個結，
或用7朵茉莉花取代

鹽 — 1/4茶匙

其他配料

黃肉哈密瓜 — 24塊（約2/3顆），
切成約2公分丁狀

罐裝亞達枳 — 1罐，約650毫升

碎冰 — 適量

作法

綠色香蘭葉涼粉絲

1. 將水和香蘭葉一起倒入調理機中打成碎屑後，仔細濾掉香蘭葉後取得綠色香蘭葉汁。
2. 將在來米粉、太白粉、白色綠豆澱粉和香蘭葉汁，倒入容器中攪拌均勻後再次過濾。倒回鍋內以小火不停地攪拌加熱，直到水份收乾變成半透明綠色麵糊後關火。
3. 趁麵糊還熱著的時候，填入底部有開洞（直徑約0.5公分的小圓孔）的模具，填到1/3左右就好。
4. 用同樣大小、底部平實的模具，蓋上去並向下壓擠，把麵糊壓成麵條，直接掉入冰水中定型，變成綠色香蘭葉涼粉絲。
5. 重複步驟3和步驟4的動作，直到全部的麵糊都壓成麵條後，稍微搖晃一下裝冰水的容器，以免粉絲黏在一起。靜置約10分鐘，到完全冷卻後取出備用。

紅色脆石榴

1. 混合荸薺和紅色火龍果原汁，拌勻後靜置約5分鐘讓荸薺染色。
2. 把太白粉鋪在一個盤子上，再把染色好的荸薺每一顆依序均勻地裹上太白粉。
3. 準備一鍋煮開的熱水，此時如果荸薺粉太多可以稍微拍掉。倒入鍋中煮到浮起來後，繼續煮約3分鐘，然後濾起來後直接倒入冰水定型。靜置約10分鐘，到完全冷卻後取出備用。

糖水

1. 將水、糖、香蘭葉放入鍋中，以小火煮到糖溶化，不需煮到水滾即可關火。取出香蘭葉後放涼備用。

椰奶漿

1. 將椰奶、香蘭葉、鹽放入鍋中加熱，煮到溫熱即可，不需煮到滾沸即可關火。取出香蘭葉後放涼備用。

最後步驟

1. 將綠色香蘭葉涼粉絲、紅色脆石榴、哈密瓜、亞達枳組裝於冰品碗中，依照個人喜好加入2-3大匙的糖水和椰奶就完成了。

★ 泰式甜點的調味非常精緻，對於椰奶和糖水都很要求。而且，除了用香蘭葉或茉莉花提味之外，傳統會以特殊的蠟燭來薰香，以增加其誘人的香味

★ 大家可以發揮創意，挑選搭配不同的餡料，也可以想想如何帶出不同的香氣，例如加入桂花釀等等提味，創造出新鮮有趣的綜合冰品。

กล้วยบวชชี
芭蕉椰奶甜湯
Bananas in Coconut Milk

泰國的芭蕉產量很多，其特殊的香氣和微酸的滋味非常適合作成零食和甜點，幾乎每種芭蕉製品都深受泰國人喜愛，例如炸芭蕉片、芭蕉乾或芭蕉糕等等。這道芭蕉椰奶甜湯作法簡單，小時候，媽媽常做給我吃，對我而言，是一道連結著媽媽味道與幸福記憶的家常甜點。

材料．4-6人份

椰奶 — 400毫升
水 — 200克
芭蕉 — 3支，剛好熟成的
香蘭葉 — 3片
椰糖 — 120克
鹽 — 1小撮

作法

1. 芭蕉剝皮後直向切半，再橫向對切，一支芭蕉切成四片。切好後的芭蕉要馬上泡水以免氧化，顏色會變黑。將香蘭葉打個結備用。
2. 混合椰奶200克和200克的水一起入鍋，用中火加熱，然後放入芭蕉與香蘭葉，煮到微滾後把火轉小，不要讓椰奶大滾以免油水分離。
3. 接著加入椰糖和鹽，再次微滾後隨即加入剩下的椰奶，繼續小火煮至微滾後即可熄火，取出香蘭葉便完成芭蕉椰奶甜湯。

★ 甜度可依個人口味調整椰糖的量，而且吃冷、吃熱都可以，夏天時我喜歡冷卻後放入冰箱或加入冰塊，冰冰涼涼的甜湯吃起來消暑清心。

ข้าวเหนียวมะม่วง
糯米芒果
Sweet sticky rice with mango

這是道揚名國際的泰式甜點，主要是由新鮮芒果、甜糯米和配料組成，其中的芒果也可換成榴蓮等當季水果，有些配方也會改成泰式雞蛋卡士達醬。在泰國當地，這道甜點也有配上鹹的配料，例如泰式魚鬆或鮮蝦椰肉醬，只要做出好吃的糯米飯，搭配任何自己喜歡的水果都很適合。
做甜點的糯米，以泰國的牙鼠糯米（ข้าวเหนียวเขี้ยวงู，Glutinous rice）適當，這種米的外型看起來尾部較尖，中上段則飽滿圓潤，特點是耐煮不爛，香Q又彈牙，當然你也可用泰國或一般的長糯米代替。只要蒸出粒粒分明且晶瑩剔透的糯米，就掌握了這道甜品的精華。

材料．4-6人份

椰奶漿

椰奶 — 250克
鹽 — 1/2茶匙
砂糖 — 150克

椰奶醬汁

椰奶 — 100克
鹽 — 1/2茶匙
玉米粉 — 1茶匙，過篩

其他材料

尖糯米 — 300克，
　泡水隔夜或至少兩個小時
香蘭葉 — 6片，用來增加米的香氣，
　可用乾燥的取代，若沒有也無妨
金煌芒果 — 1顆，去皮後橫切成約2公分寬
白芝麻 — 1茶匙，
　可視個人喜好添加其它的堅果
椰子脆片 — 適量

作法

1. 香蘭葉清洗乾淨後打一個結，放入蒸籠底部和水一起煮。蒸籠裡鋪上一層蒸籠布，再把洗過瀝乾的糯米平鋪在上面，蒸約40分鐘直至糯米熟了。
2. 製作椰奶漿，鍋內倒入椰奶以中小火加熱，加入鹽和白砂糖，攪拌溶化後關火，注意火候不要把椰奶煮到大滾。
3. 將剛蒸好的糯米倒入容器中，加入步驟2的椰奶漿攪拌均勻，靜置10分鐘後再攪拌一次。放涼後就完成甜椰奶糯米。
4. 製作椰奶醬汁。內倒入椰奶以中小火加熱，加入鹽和玉米粉，攪拌成濃稠狀後關火，注意火候不要把椰奶煮到大滾。
5. 將甜椰奶糯米和芒果一起盛盤，淋上椰奶醬汁，撒上芝麻、椰子脆片即完成。

สังขยาใบเตย

香蘭葉綠卡士達醬

Pandan custard

泰式卡士達是個非常傳統的點心，最常見的是宵夜時的餐桌上，不過平常不論早晚，只要在街上聞到濃郁香甜的奶味，都可以帶一份回家。通常會搭配麵包、吐司、泰式油條或椰奶燉糯米，更可作爲麵包的內餡，卡士達醬作法非常簡單，做好後可在冷藏內保存5至7天沒有問題。

傳統的泰式甜點，都是藉由天然食材來染色。綠色是香蘭葉，橘色來自泰式奶茶粉（ผงชาไทย，Thai tea powder）或橘子，紫色則爲蝶豆的花朵。繽紛的色彩是泰國風情的特色，而透過這種天然的染色技巧，除了上色之外更可加入食材本身的特殊香氣。

材料 · 6-8人份

香蘭葉 — 7-10片，切1公分寬
雞蛋 — 2顆
水 — 50毫升
椰奶 — 1罐，約400毫升，
　可用2/3椰奶加1/3奶水，或用牛奶代替
椰糖 — 100克，搗成粉狀以便溶解
砂糖 — 60克
鹽 — 1/4茶匙
玉米粉 — 2大匙

作法

1. 將香蘭葉、雞蛋、水放入調理機中，打勻後過濾成綠色蛋汁。
2. 再將步驟1的蛋汁、椰奶、椰糖、砂糖和鹽倒入容器中，攪拌至所有材料都融化均勻。
3. 慢慢地一邊加入玉米粉一邊攪拌，最後再過濾一次，然後放入一個可加熱的缽內。
4. 準備一鍋沸水並維持中大火狀態，將過濾好的材料隔水加熱，須不停地以同一個方向攪拌，約10分鐘左右或直到醬汁變濃稠，卡士達醬就完成了。盛盤時可搭配烤土司或法國麵包一起享用。

★ 請依照喜好，選擇不同的餡料來搭配卡士達醬，泰國當地傳統吃法是搭配蒸得鬆軟的厚片土司一起吃，在台灣可搭配烤得酥脆的土司。剩下的卡士達醬可放涼後放在冰箱冷藏保存。

สังขยาฟักทอง

卡士達南瓜盅

Thai custard in pumpkin

泰國皇室將泰國多元的飲食文化推向了高峰，透過當地甜點的精緻度，可以看出一個國家的富裕程度。這道甜點是將卡士達醬填入南瓜內蒸烤，是我小時候最愛吃的甜點之一。傳統會以鴨蛋製作，因爲鴨蛋的蛋黃較多，可以使甜點顏色更加飽和，味道也更香醇。

所以別再以爲泰式甜點只有糯米芒果或「摩摩喳喳」，還有許多精巧的甜點，是喜愛甜食的老饕不容錯過的！

材料．6-8人份

南瓜 — 700-800克，
　挑形狀扁圓、果肉厚實佳
雞蛋 — 4顆
椰糖 — 150克，磨碎以便溶解
椰奶 — 100克
香蘭葉 — 3-5片
鹽 — 1/4茶匙

作法

1 將南瓜的外皮清洗乾淨，從蒂頭的部分開一個5公分寬的洞，把裡面的南瓜籽和纖維都挖掉、處理乾淨。
2 混合蛋、椰糖和香蘭葉，用手抓香蘭葉搓揉椰糖，讓椰糖可以均勻融化在蛋汁中。
3 加入椰奶和鹽拌勻，然後過篩備用。
4 將步驟3的蛋汁填入南瓜內，大概到八分滿即可，如果填不到八分滿的話可以等比例增加蛋汁。
5 準備一個蒸籠，水燒滾後開始蒸南瓜，以中小火蒸約30分鐘，確認南瓜是否熟了。
6 取出後放涼，完全冷卻後就可以切片盛盤，建議放入冷藏冰鎮後風味更佳。

★ 香蘭葉除了可增加卡士達醬的香味，也可以去掉蛋的腥味，特別是傳統以鴨蛋來做甜點，更需去腥。
★ 怎麼檢查卡士達醬是否熟了？可用竹筷從中間插到底，拔出來後筷子若沒有沾黏就表示熟了。

โรตีกล้วยหอม
香蕉煎餅
Banana roti —— balloon bread

原文中的โรต [Nan]，是源自印度並遍傳東南亞的煎餅，其作法和吃法在不同地區都有些許的改變。少數在泰國的穆斯林家庭，會以薄餅當作主食來代替白米飯，不過在當地大多還是當作甜點，在剛煎好的薄餅上加入煉乳和砂糖是最普遍的吃法。至今泰國各地賣香蕉薄餅的攤販或餐廳，大多還是印度的後裔，所以每次看到印度臉孔的人做煎餅，心中總覺得待會拿到的點心一定會特別好吃，

近年來煎餅的變化越來越多，起鍋後加上水果或淋上巧克力醬的吃法也蔚爲流行，在家裡製作餅皮麵團的話需要花點時間和功夫，不妨邀請家人或朋友一起製作，更有樂趣！

材料・約20份

麵團

高筋麵粉 — 500克
雞蛋 — 1顆
牛奶 — 1/2杯
有鹽奶油 — 1/4杯，
　用小火或微波爐加熱至融化
砂糖 — 2茶匙
水 — 3/4杯

其他材料（每一份的量）

有鹽奶油 — 1/2大匙，煎餅時所用
食用油 — 少許，塗抹底盤與麵團表面
香蕉切片（0.5公分寬）— 8-10片
煉乳 — 1大匙，可依喜好增加

作法

1 將麵粉倒入大缽內，在中心推出一個火山口，倒入雞蛋、牛奶和奶油，然後把麵粉跟濕料混合均勻。

2 另取一個杯子，讓砂糖融在水裡，然後分三次倒入步驟1的麵團內，一邊加一邊揉麵團，要讓麵團每次都把水吸收進去 後再繼續倒。

3 把麵團揉到完全不黏手，而且麵皮光滑平整之後，用保鮮膜蓋起來靜置一個小時。

4 取一個大盤子，底部抹上一層油，然後開始把麵團分爲約直徑5公分大小的球狀小麵團，並將每個麵團表面都抹一層油。蓋上保鮮膜後再休息兩個小時，可以的話在冰箱內儲存隔夜。

5 桌上塗一層油，將休息好的麵團用擀麵棍擀平，或用手推也可以，擀得越薄越好。

6 以中小火加熱平底鍋，鍋底融1/2大匙的有鹽奶油。把麵皮平均地鋪上去，在中心排一排香蕉並淋上煉乳。待麵皮微焦後把兩側往內折成長方形，取出後就可以吃了。

★ 每在桌上擀完一張麵皮，最好再塗一些油上去以免沾黏破掉。大家也可以試試正宗甩麵皮的方式喔！

★ 同時建議每煎完一張麵皮，都要用紙巾擦乾鍋面，再重新上奶油。最後也不一定用折的，喜歡的話也可捲起來或折成正方形，甚至兩面都煎上色後直接和著水果和煉乳吃。

★ 沒吃完的麵團，冷藏可放約3-5天，冷凍則可放約一個月，拿出來解凍後加熱，是香噴噴的香蕉煎餅。

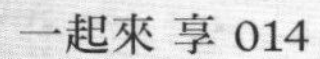

一起來 享 014
一學就會，泰國媽媽味

作　　者　阿泰
攝　　影　廖家威
設　　計　IF OFFICE
特約編輯　soac liu
責任編輯　林明月
行銷企畫　艾青荷
社　　長　郭重興
發行人兼出版總監　曾大福

編輯出版　一起來出版
E-mail　cometogetherpress@gmail.com
發　　行　遠足文化事業股份有限公司
www.sinobooks.com.tw
23141 新北市新店區民權路108-3號6樓
客服專線　0800-221029　傳眞　02-86673250
郵撥帳號　19504465　戶名　遠足文化事業股份有限公司
法律顧問　華洋法律事務所 蘇文生律師

初版一刷　2013年6月
定　　價　350元

國家圖書館出版品預行編目（CIP）資料
一學就會泰國媽媽味 / 阿泰著.-- 初版. --
新北市：一起來出版：遠足文化發行, 2013.06
208面；21×17公分. --（一起來享；14）
ISBN 978-986-89332-5-5（平裝）

1. 食譜 2. 泰國
427.1382　102009724

感謝　nest巢 · 家居　nest 提供餐具 協助本書拍攝

阿泰的廚藝課就在
skills
COOKING SCHOOL
Skills 最原始的發想是為了
讓人能輕鬆的感受烹飪的樂趣
以及更親近的接觸烹飪藝術
T: 02 · 2711 · 0707 · 130
B1, No.21, Ln.31, Sec.1, Daan Rd., Taipei
台北市大安路一段31巷21號B1
www.skills.com.tw

Skills 歡迎渴望學習更多技能與增廣視野的初學者、廚師及熱衷美食的老饕加入我們的行列。
在這裡，我們有來自世界各地的專業廚師、熱愛美食的烹飪達人為大家親切介紹食材的特質與多元烹調方式。
我們有多樣化的課程：團體與美食享用課程、實作教室、品酒課程，甚至可以近距離接觸知名的主廚喔！

Skills烹飪教室15%折價卷（限一人一課程）。
於Skills參加由阿泰老師所授之任一課程皆可使用本券乙張 。
本券的有效期限為 2013, 6/10 ~ 12/31。
本券不可併用於其它任何折扣與優惠。
本券為贈品，無現金價值，並不得抵換現金。

T: 02 · 2711 · 0707 · 130

B1, No.21, Ln.31, Sec.1, Daan Rd., Taipei
台北市大安路一段31巷21號B1

www.skills.com.tw

skills
COOKING SCHOOL

Skills烹飪教室10%折價卷（限一人一課程）。
於Skills參加任一堂課皆可使用本券乙張
本券的有效期限為 2013, 6/10 ~ 12/31。
本券不可併用於其它任何折扣與優惠。
本券為贈品，無現金價值，並不得抵換現金。

t: 02 · 2711 · 0707 · 130

B1, No.21, Ln.31, Sec.1, Daan Rd., Taipei
台北市大安路一段31巷21號B1

www.skills.com.tw

come together